GEOLOGÍA

MUCHO MÁS QUE PIEDRAS

AGUSTÍN SENDEROS

www.geologia.guiaburros.es

EDITATUM

Diseño de cubierta: © Marta Villarín (EDITATUM)

Maquetación de interior: © EDITATUM

De las ilustraciones: © José Miguel León

Primera edición: mayo de 2026

ISBN: 979-13-88175-61-9

Depósito Legal: M-9716-2026

IMPRESO EN ESPAÑA/ PRINTED IN SPAIN

Te invitamos a registrar la compra de tu libro o *e-book* dándote de alta en el **Club GuíaBurros,** obtendrás directamente un cupón de **2 € de descuento** para tu próxima compra.

Además, si después de leer este libro lo has considerado útil e interesante, te agradeceríamos que hicieras sobre él una **reseña honesta en cualquier plataforma de opinión** y nos enviaras un *e-mail* a **opiniones@guiaburros.es** para poder, desde la editorial, enviarte **como regalo otro libro de nuestra colección.**

Sobre el autor

 **Agustín Senderos** es licenciado en Biología (UAM) y en Geología (UCM), doctor en Geología por la Universidad Complutense de Madrid. Ha compaginado la docencia como profesor de Secundaria y asociado en la facultad de Geológicas de la UCM. Autor de diversos artículos científicos y divulgativos en el ámbito de la microbiología del subsuelo y colaboraciones en Geoarqueología con la *Sociedad Española de Historia de la Arqueología*. Desde su implantación en 2010, ha formado parte del equipo coordinador de las Olimpiadas de Geología, al amparo de la Asociación Española Para la Enseñanza de las Ciencias de la Tierra (AEPECT). Recientemente ha publicado una novela, *Ellos o Nosotros* (Ed. Caligrama); un libro de cuentos, *7 Días, 7 Cuentos. Una semana para pensar* (Amazon); y un libro divulgativo, *¿Buceamos juntos?* (Ed. Editatum).

Agradecimientos

Este libro no habría sido posible sin la colaboración, a nivel de coautores, de:

Juan Aznar, licenciado en Geología. Profesor de Secundaria. Su experiencia previa como profesional y su participación en diversos proyectos pedagógicos (proyecto Biosfera, entre ellos), han sido fundamentales en la elaboración de varios de los capítulos y algunas de las ilustraciones (cap. 3, 6 y 9)

José Miguel León, licenciado en Bellas Artes. Profesor de Secundaria. Colaborador, como autor del diseño y ejecución de los póster, en proyectos como son "Dinámica del Acuífero 23, Mancha Occidental" (Universidad Complutense) y los paneles de las "Salinas Espartinas" (Ayuntamiento de Ciempozuelos). Es el autor de las imágenes, tanto de elaboración propia, como de las modificaciones, con permiso de los autores o de uso libre. Fue, también, el ilustrador del libro *¿Buceamos juntos?*, de esta misma editorial.

A otro nivel, agradecer a **Amelia Calonge**, catedrática de Paleontología de la Universidad de Alcalá de Henares, por sus siempre sabios consejos y su lectura con ojos profesionales. A mi compañera de vida, **María Paz**, por el tiempo sustraído y por su lectura con ojos ajenos al mundo de la geología. Y, por último, al equipo de editorial Editatum, siempre asequibles y profesionales.

Índice

Prólogo

La educación científica se reconoce hoy como un elemento esencial para formar una ciudadanía moderna, capaz de analizar críticamente la Ciencia y de apropiarse socialmente de ella. Esto contribuye a que las personas tomemos decisiones más informadas tanto en nuestra vida personal como en la sociedad del conocimiento.

En el caso de la geología puedo afirmar que decir "soy geóloga" provoca reacciones tan variadas como reveladoras. Pero hay una respuesta que nunca falla y es su vinculación con las piedras. Esta vinculación, tan extendida como simplificadora, pone de manifiesto el desconocimiento general que existe sobre la Geología.

Las páginas de este libro nos invitan a conocer que la Geología es mucho más que "piedras". Es la ciencia que nos proporciona los recursos esenciales con los que sostenemos nuestra vida moderna: minerales, petróleo, elementos estratégicos, suelos fértiles, recursos hídricos, etc. Además, determina dónde construimos nuestras ciudades y nuestras infraestructuras. Y, por el contrario, su desconocimiento puede exponernos a riesgos graves: terremotos, volcanes, inundaciones, avalanchas.

Comprender la dinámica de la Tierra no es un bien exclusivo de geólogos, ingenieros, ambientólogos o biólogos, sino un bien cultural que debemos trasmitir a toda la sociedad para convivir con un planeta activo y cambiante.

La falta de cultura geocientífica sigue siendo sorprendentemente común, a pesar de que es tan necesaria para distinguir hechos de bulos en un mundo donde proliferan los antivacunas, los negacionistas del clima o los terraplanistas.

Con este libro los lectores viajaremos hasta los mares de principios del Precámbrico, descubriremos algunos de los increíbles secretos que esconden las rocas y aprenderemos, entre otros saberes, que la estructura interna de la Tierra se estudia mediante métodos indirectos tales como la gravedad, las ondas sísmicas, o los meteoritos.

En los primeros capítulos recordaremos que el interior terrestre está caliente, y ese calor procede de tres fuentes principales: el calor remanente de la formación del planeta; el frenado de mareas, que genera fricción en el núcleo externo y las reacciones nucleares internas.

Era casi obligado que un capítulo de este libro haga referencia a Wegener y a su teoría de la deriva continental. A mediados y finales de los años 60 comienza el desarrollo de una nueva Geología, que desembocará en una revolución científica. En este movimiento las placas pueden juntarse, separarse o rozar lateralmente. De esta forma, la mayor parte de la actividad del planeta (volcanes y terremotos) se concentra en esas zonas que limitan las placas.

En el siguiente capítulo descubriremos que la belleza del paisaje es el resultado de la interacción de cuatro sistemas: Geosfera, Atmósfera, Hidrosfera y Biosfera.

A continuación, viajaremos a lo largo de la historia de la Tierra, una historia de más de 4600 millones de años, por lo que en geología se trabaja con unidades de millones de años (Ma). Conoceremos cómo se organiza el tiempo geológico.

No podía faltar un capítulo sobre la historia de la vida en la Tierra. Los fósiles nos ayudan a conocer la edad de las rocas, a identificar ambientes y a usar fósiles–guía para reconocer periodos concretos. Pero la principal aportación de los fósiles es que constituyen la mejor evidencia de la evolución y permiten interpretar los acontecimientos más importantes en la historia de la Tierra.

En el capítulo 8 recordaremos que las sociedades modernas dependen cada vez más de los recursos naturales que provienen directa o indirectamente de la Tierra y que pueden agotarse si se usan más rápido de lo que se regeneran.

A lo largo del capítulo noveno profundizaremos en los riesgos naturales y cómo podemos reducir sus efectos. La actividad humana puede modificar estos riesgos: a veces los agrava, como cuando se construye en zonas inundables, y otras veces los crea desde cero, como ocurre con ciertos hundimientos asociados a obras subterráneas.

En el último capítulo conoceremos qué es un geólogo/a y para qué sirve. La Geología nos permite entender cómo funciona la Tierra y quienes la estudian, los y las geólogas, desempeñan un papel esencial en nuestra vida cotidiana. Investigan la historia del planeta, buscan recursos, evalúan riesgos naturales y asesoran en proyectos que afectan al territorio. Su trabajo ha evolucionado desde el cuaderno de campo hasta tecnologías avanzadas como los SIG o la inteligencia artificial. Cada vez más mujeres forman parte de esta disciplina, y proyectos como GEAS ayudan a reconocer su aportación.

A pesar de su importancia, la Geología ha perdido presencia en las aulas, por lo que iniciativas como los Geolodías o las olimpiadas de geología se han vuelto fundamentales para acercar esta ciencia al público de forma cercana y atractiva.

Quiero finalizar recordando que no podemos cuidar lo que desconocemos y, en este sentido hay que conocer Nuestro Planeta (la Tierra) para poder "cuidarlo" en condiciones y garantizar la edificación de sociedades futuras más saludables, prósperas y exentas de riesgos en todo el planeta. ¡Y este es un compromiso que nos implica a todos!

Amelia Calonge
Geóloga. Doctora en Paleontología.
Catedrática de E. U. / Universidad de Alcalá de Henares.
Medalla 2025 Chris King de la IUGS / COGE.
Directora de la Cátedra UNESCO Educación Científica para América Latina–Caribe.

Introducción

Geología y geólogos

Cuando alguien me pregunta a qué me dedico y contesto "soy geólogo", la reacción de mi interlocutor suele pasar por las siguientes reacciones o preguntas:

— Cara de extrañeza

— "¿Y eso qué es?"

— "Qué divertido. No había conocido a ninguno antes"

— "¿Quieres decir teólogo?"

Y muchas más, pero al final, la que nunca falla es,

— "Ah, lo de las piedras"

Esto demuestra el desconocimiento que hay, en general, sobre la geología, una de las cuatro ciencias básicas, junto a la física, la química y la biología. La razón: el poco espacio que ocupa en los programas de secundaria y bachillerato con respecto a las otras tres. Solemos decir que es la hermana pobre de las ciencias.

A pesar de todo ello, la geología es mucho más que piedras. Conocer sobre geología nos proporciona recursos como minerales, petróleo, elementos estratégicos, suelos para cultivo, recursos hídricos…; condiciona nuestros asentamientos y las obras públicas; es fundamental en la conformación de los paisajes y la climatología, etc.

Por otro lado, no conocer sobre geología puede llevarnos a situaciones de riesgo e, incluso, catastróficas, como pueden ser terremotos, volcanes, inundaciones, avalanchas... En resumen: sí, la geología es "eso de las piedras" y mucho más. Es ni más ni menos importante que el resto de las ciencias y, por tanto, deberíamos conocerla con mayor profundidad.

Por alguna razón, el desconocimiento o, al menos, no estar familiarizado con la ciencia es endémico. Todos nos sorprendemos cuando alguien dice que no conoce a Machado o a algún escritor actual de moda, pero luego nos jactamos de no conocer a Darwin o a Marie Curie, o de recurrir a la frase "Haz tú las cuentas que yo soy de letras". La cultura científica a nivel de calle es tan fundamental como la humanística si queremos tener una sociedad libre de bulos y conspiraciones, lamentablemente cada vez más difundidos (antivacunas, negacionistas del cambio climático o los inexplicables terraplanistas).

Con todo y resumiendo, el objeto de estudio de la geología es la Tierra, es decir, el planeta en el que vivimos, una esfera con irregularidades tan ínfimas en comparación con su tamaño que casi la podemos considerar como perfecta.

¿Esfera? ¿Pero no es plana?

Pues salvo por el chiste de que si se llama planeta debería ser plana, no es plana. Su forma esférica ya la determinó hace ¡2200 años! el griego Eratóstenes de Siracusa, quien, usando la sombra del sol en dos pozos (Siena y Alejandría) y un poco de trigonometría, midió el radio y, en consecuencia, el tamaño total de nuestro planeta, con un error, con respecto a las actuales mediciones de alta tecnología ¡inferior al 1%!

Capítulo 1
¿Qué es una piedra?

Una vez asumido que la geología es "eso de las piedras" —y aunque ya hemos visto que sí, es eso y mucho más—, ¿por qué no empezar precisamente por eso, por las piedras?

Todos tenemos la idea de qué es una piedra (con perdón por parte de mis colegas geólogos). Más o menos podríamos decir que es un objeto sólido, de origen natural, que forma los suelos y las montañas, que podemos utilizar para construir o pavimentar, que ya nuestros antepasados usaban como herramienta y muchas cosas más. Pues resulta que para los geólogos eso de piedra no nos dice nada; nosotros hablamos de minerales, de rocas o de cristales. Todos ellos son piedras, pero cada término tiene su significado.

A veces, qué es cada cosa está muy claro. Por ejemplo, podemos referirnos al mineral feldespato ortosa, a la roca granito o al cristal de granate. Pero otras veces no está tan claro.

Por ejemplo, el yeso. Hablamos de él como mineral —si decimos que es sulfato cálcico hidratado— o roca —si decimos que se forma por evaporación de aguas superficiales en determinados ambientes—, e incluso cristal —si lo vemos con una forma poliédrica y decimos que es un cristal monoclínico con macla en punta de flecha (como en todas las ciencias, si complicamos los nombres parece que hablamos de algo muy serio)—.

Trataremos de evitar esos nombres complicados y esas clasificaciones engorrosas y dar una idea de quién es quién dentro de eso que llamamos piedras.

Minerales

Un mineral es un compuesto químico natural formado a partir de unas condiciones físicas concretas. Hay un término que es la *invarianza*, que dice que, siempre que coexistan los mismos elementos en las mismas condiciones de presión y temperatura, se formará el mismo mineral.

Parece obvio que, sean cuales sean las condiciones físicas, a elementos químicos diferentes le corresponderán minerales diferentes; pero resulta que los mismos elementos químicos en condiciones físicas distintas van a dar minerales diferentes. Aquí entran en juego los cristales.

Un ejemplo es el carbonato cálcico, que en unas condiciones forma la calcita, pero en condiciones físicas distintas el mineral que se forma es aragonito. Ambos con la misma composición química, pero diferentes características y propiedades.

Cristales

En la mayoría de los casos, los minerales tienen sus elementos ordenados espacialmente. Sus átomos parecen una compañía militar en formación. Esta formación se repite y se repite en todo el volumen del mineral. Dependiendo de las formas geométricas que definan esa ordenación, tenemos las diferentes formas cristalográficas, que son una propiedad inherente a cada mineral. Estas, a su vez, se agrupan en sistemas cristalográficos.

En la formación de un mineral intervienen los tamaños de los átomos que lo componen y el tipo de enlace que los une, de modo que entre unos y otros hay una distancia o distancia de enlace, mayor o menor según qué elementos intervengan.

Por otro lado, estas distancias se pueden ver alteradas por determinadas fuerzas, como son la atracción/repulsión entre los átomos, la presión exterior y la temperatura. A mayor presión, la distancia de enlace disminuye; a mayor temperatura, aumenta.

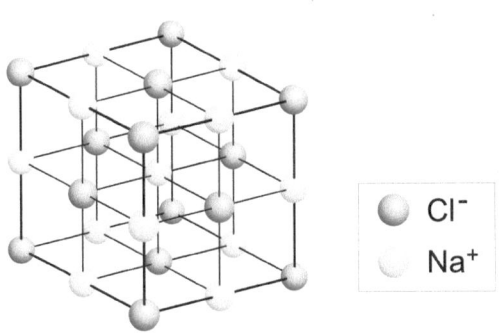

Estructura cristalográfica de la halita

Pero, igual que ocurre con la compañía militar, la ordenación requiere cierto tiempo. En algunos casos, como la solidificación de la lava de los volcanes, la formación de la piedra es tan rápida que no hay tiempo de formar la estructura cristalográfica y el mineral carece de ese orden interno. En este caso hablamos de vidrios. Un ejemplo fácil de entender podría ser la diferencia entre un copo de nieve y una bola de granizo. El copo solidifica en altura lentamente y cristaliza, mientras que el granizo se congela durante la caída de forma inmediata.

Rocas

¿Y dónde y cómo se forma todo esto? Pues depende. Según cuál sea el proceso geológico que lo ha formado tendremos los diferentes tipos de rocas, que pueden estar formadas por un solo mineral (yeso) o por una agrupación de minerales diferentes (granito, formado por los minerales cuarzo, ortosa y biotita).

Los mecanismos formadores de rocas, los procesos petrogenéticos, son tres:

- **Sedimentación.** Acumulación de los materiales que fueron erosionados y transportados, y que, en un momento dado, se estancan y se agrupan, bien sea por simple caída gravitacional (rocas detríticas, como conglomerados, areniscas y lutitas), por reacciones químicas (rocas químicas, como las calizas) o por evaporación de aguas superficiales (rocas evaporíticas, como el yeso). A todas ellas las llamamos rocas sedimentarias.

- **Magmatismo.** Son los materiales fundidos del interior de la Tierra (magmas) que llegan a superficie y al enfriarse solidifican y cristalizan. Cuando son el resultado de una erupción volcánica, el enfriamiento es muy rápido y, aparte de algún cristal, se forman vidrios (rocas volcánicas, como el basalto). Si el magma va ascendiendo lentamente entre las rocas previas, su enfriamiento es lento y toda la roca cristaliza (rocas plutónicas, como el granito). El conjunto son las rocas magmáticas o ígneas.

- **Metamorfismo.** Cuando una roca ya formada se ve afectada por cambios físicos, como son el aumento de presión de su entorno (presión confinante), de temperatura o de ambas, los minerales que las componen se desestabilizan y se transforman, dando lugar el conjunto a una roca nueva. A estas rocas se les llama rocas metamórficas, como la pizarra o el *gneis*.

La acción continua de los procesos geológicos relaciona entre sí los diferentes tipos de rocas: una roca sedimentaria puede derivar de la meteorización de una ígnea o una metamórfica; una sedimentaria puede llegar a transformarse en metamórfica por variaciones de presión y temperatura; estas, a su vez, si llegan a fundirse, proceso denominado anatexia, pueden dar lugar a magma que, al solidificar, será una roca ígnea.

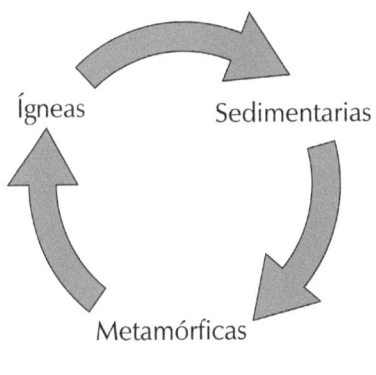

Ígneas

Sedimentarias

Metamórficas

Ciclo petrológico

Capítulo 2
La Tierra por dentro

Ya hemos visto que nuestro objeto de estudio es la Tierra, así que lo primero que tendremos que hacer es averiguar cómo es.

Por fuera sabemos que es un planeta, de forma esférica, con una serie de irregularidades que la alejan tan poco de una esfera que casi la podemos considerar perfecta. Recogiendo, analizando y observando su superficie podemos hacernos una idea de su composición (minerales y rocas) y de sus grandes sistemas (hidrosfera, continentes, aire…); pero ¿y su interior?, ¿podemos observarlo de la misma manera que el exterior?, ¿tenemos acceso a sus componentes y sus mecanismos?, ¿es estática o, por el contrario, algo se mueve ahí adentro?

Primer problema: su tamaño. El radio medio es de 6371 km (12 742 km de diámetro) y nosotros vivimos en la superficie. Bien. ¿Cómo podemos adentrarnos en ella?

- Una cueva. Puedo alcanzar profundidades de apenas unas decenas o pocos cientos de metros. Todavía me quedan algo más de 6370 km por investigar.
- Un pozo o un sondeo. Al perforar vamos obteniendo el material del subsuelo y, así, lo podemos analizar e identificar. ¿Y a qué profundidad se puede llegar en un sondeo? Pues el récord actual está en un pozo de petróleo de Abu Dhabi, con 15 240 metros de perforación.

Con algo más de 15 km, ya solo quedan 6350 km…
¡Qué decepción!

- ¿Y analizando los materiales que emiten los volcanes, puesto que, al fin y al cabo, proceden del interior de la Tierra? Pues resulta que las cámaras magmáticas más profundas apenas superan los 150 km. Aunque ahora sí tenemos una buena profundidad, todavía quedan 6200 km de planeta desconocido.

¿Y ahora qué? ¿No podemos saber cómo es la Tierra por dentro? Pues sí, de manera indirecta podemos acercarnos al conocimiento de su interior, deducir su composición, establecer sus variaciones e intuir sus mecanismos y dinámicas internas.

Los métodos que usamos para acercarnos al conocimiento del interior son, fundamentalmente, medidas físicas tomadas en el exterior y que extrapolamos al conjunto de la Tierra. Estos métodos son:

1. La gravedad terrestre

Newton nos demostró que lo que nos mantiene unidos a la superficie terrestre es una fuerza de atracción a la que llamamos gravedad. La representamos por la letra g y sabemos su valor (g = 9,8 m/s^2). Si estuviéramos en la Luna, el valor sería menor (la sexta parte). ¿Por qué?

La gravedad depende de las masas que se atraen. La Luna: menos masa supone menor atracción.

Pues bien, si toda la Tierra tuviera la misma composición que la superficie que conocemos, su masa sería tal que el valor de g sería más pequeño del que es. ¿Cómo podemos explicar esto? Pues suponiendo que los materiales del interior serán diferentes a los superficiales y mucho más pesados.

Ya tenemos el primer dato. Ahora habrá que ver qué materiales son esos y cómo se disponen.

2. Propagación de ondas sísmicas

¿Qué es un terremoto? Es una vibración provocada por la rotura o la inestabilidad de grandes masas de roca. Esta vibración la podemos recoger en aparatos de medida, sismógrafos en cualquier punto de la Tierra. Su propagación se ajusta a las leyes de propagación de cualquier onda.

¿Os habéis fijado que cuando estáis en la orilla de un lago de aguas limpias y miramos al fondo lo vemos perfectamente, incluso los pececillos que puedan pasar despistadamente por allí, pero si miráis en dirección a la orilla opuesta, en vez del fondo, vemos reflejada la vegetación del exterior del lago, de modo que hay una zona que no podemos ver desde nuestro punto de vista?

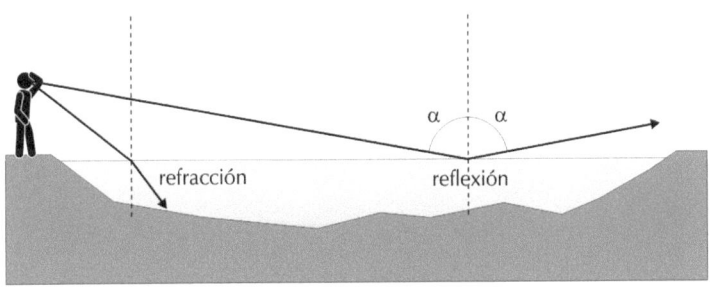

Efecto sombra de ondas

Esto es porque, cuando una onda cambia de medio de propagación, se desvía (refracción); pero, a partir de cierto ángulo, en vez de desviarse se refleja (reflexión) dejando una zona sin que se detecte la onda. A esta lo llamamos zona de sombra.

En la recepción de las ondas sísmicas en distintos puntos de la Tierra podemos observar estas zonas de sombra y las variaciones de velocidad en su propagación. ¿Qué quiere decir esto? Que el interior del planeta está formado por materiales diferentes, separados y formando capas concéntricas, a las que llamamos geosferas.

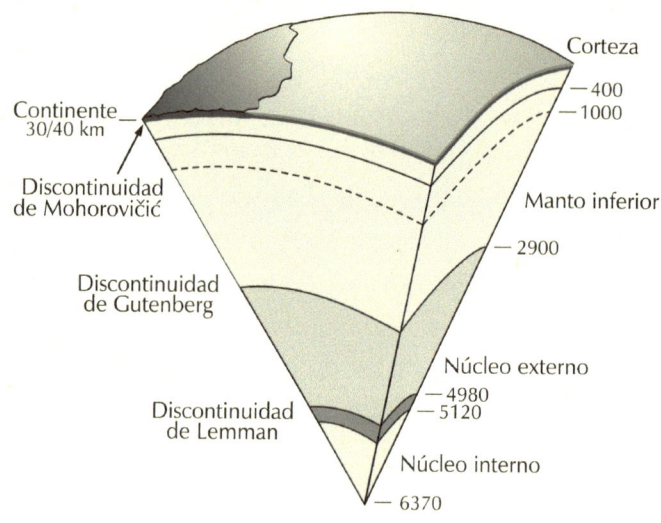

Estructura interna de la Tierra

3. Meteoritos

Ya vamos sabiendo más sobre el interior. Materiales densos y estructura en capas, pero… ¿qué materiales son esos? Si no podemos alcanzarlos, ¿cómo vamos a saber qué son? ¿Y si en vez de intentar la imposible tarea de llegar a ellos los busco fuera de la Tierra? Asumiendo que el origen de todo el sistema solar es común, los materiales que podemos encontrar en el interior de la Tierra también pueden formar parte de algunos de los objetos del exterior, como son los meteoritos, que están perfectamente estudiados y clasificados.

Pues se da la ircunstancia de que, si la composición de algunos de ellos se la aplicamos al interior de la tierra, teniendo en cuenta los volúmenes de cada capa, los valores de gravedad y de propagación de las ondas se ajustan relativamente bien a los datos obtenidos. ¿Y qué meteoritos son esos?

- **Condritas:** con un componente de características similares a las del manto, una roca oscura, básica y pesada llamada peridotita.
- **Siderolitos:** metálicos, pero con alto contenido en azufre, además de hierro y níquel. Este azufre hace que su punto de fusión sea compatible con el estado líquido del núcleo externo.
- **Sideritos:** casi exclusivamente metálicos, compuestos por una aleación de hierro y níquel. Su densidad, muy alta, aplicada al volumen del núcleo interno, justifica los valores de densidad de la Tierra.

4. Caliente por dentro

Es fácil entender que, según profundizamos, la temperatura es cada vez mayor. Así, tenemos toda una serie de leyendas que sitúan en el centro de la Tierra o, simplemente, en las profundidades telúricas, lugares como la Fragua de Vulcano, las Calderas de Pedro Botero o los Infiernos. Tras determinar, como acabamos de ver, que el interior del planeta no alberga ninguna de estas moradas, sí coincidimos en la temperatura.

Con los métodos que la tecnología actual nos proporciona podemos aproximarnos, desde la propia superficie, a ciertas medidas relativas al calor interno:

- Flujo térmico: la cantidad de calorías que desprende la Tierra por unidad de superficie (cal/cm^2).
- Gradiente geotérmico: aumento de temperatura con la profundidad (ºC/km).

¿De dónde viene ese calor?
Son tres los mecanismos que se proponen como generadores del calor:

1. **Calor remanente.** Hoy en día admitimos que el sistema solar, en conjunto, tiene un origen común, a partir de la propia estrella central, el Sol. Poco a poco, la consolidación de los planetas va reduciendo la temperatura (lo mismo que una croqueta, que la cogemos con la mano y nos quemamos al morderla), de modo que se van enfriando de afuera a adentro. El interior, suponemos, mantiene todavía parte de ese calor.

2. Frenado de mareas. Por las ondas sísmicas sabemos que el núcleo externo es líquido, mientras que el núcleo interno es sólido. Por otro lado, sabemos que la Tierra y la Luna forman una unidad gravitacional, de modo que la Tierra atrae a la Luna y esta a la Tierra (mareas). Esta atracción ralentiza la rotación terrestre —sin nuestro satélite, la Tierra tendría un periodo de rotación estimado en algo más de 16 horas en vez de las 24—. Al haber una parte líquida, este frenado afecta en menor medida al núcleo interno, que mantiene una inercia de rotación mayor que la parte sólida exterior. El resultado es que hay una fricción en la parte líquida (núcleo externo) que origina calor y, además, es responsable del campo magnético terrestre.

3. Reacciones nucleares. Según los cálculos, estas dos fuentes de calor no bastarían para explicar la totalidad del flujo térmico terrestre, por lo que es más que probable que existan reacciones exotérmicas de tipo nuclear.

Capítulo 3
Un interior lleno de vida

"Y sin embargo se mueve", dijo Galileo. Eso debió pensar Alfred Wegener cuando la mayor parte de la comunidad científica rechazó su teoría de la deriva continental, que decía que los continentes actuales se habían desplazado desgajándose de un único continente denominado Pangea.

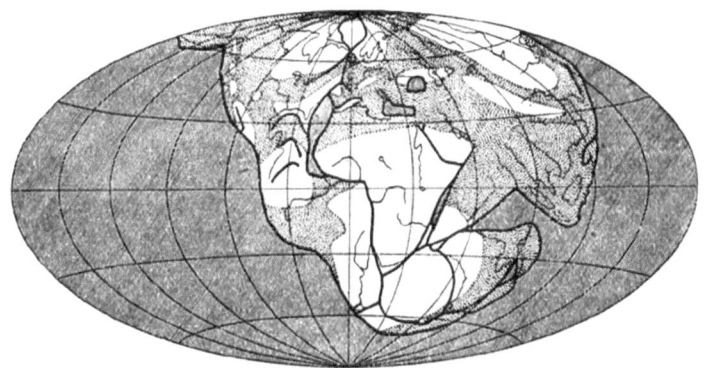

Representación de Pangea

Aunque en un principio fue rechazada, los descubrimientos posteriores, como la expansión del fondo oceánico y la convección del manto, hicieron que todo encajase en una nueva gran teoría conocida como *tectónica de placas*.

Según la teoría de la tectónica de placas, la litosfera (la corteza y parte del manto superior solidaria bajo ella) se encuentra dividida en placas que pueden desplazarse de forma independiente sobre el manto subyacente (sublitosférico).

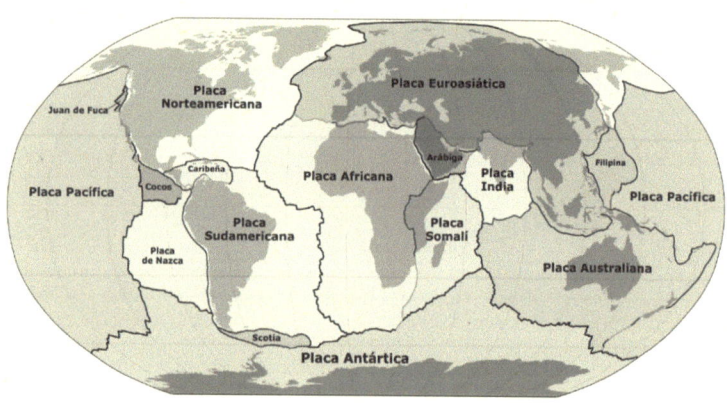

Las placas litosféricas en la actualidad

En este movimiento las placas pueden juntarse (colisionando), separarse (abriendo un hueco a materiales muy calientes procedentes del manto) o rozar lateralmente (ocasionando numerosos terremotos). De esta forma, la mayor parte de la actividad del planeta (volcanes y terremotos) se concentra en esas zonas que limitan las placas.

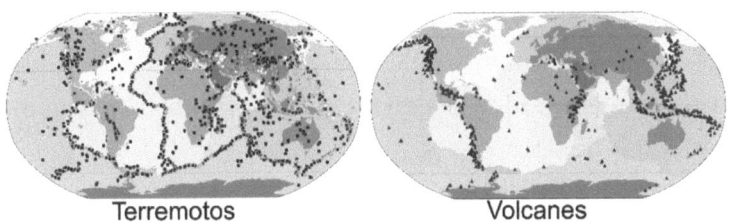

Terremotos   Volcanes

Distribución de las zonas volcánicas y sísmicas

Marie Tharp:
La revelación de los fondos oceánicos
Marie Tharp fue una geóloga estadounidense que creó el primer mapa topográfico de los fondos marinos, mucho más variados de los que se creía hasta la fecha. Su trabajo permitió el desarrollo de la teoría de la tectónica de placas, al permitir la comprensión de fenómenos como la expansión de los fondos oceánicos.

El motor de las placas: la convección

La convección es un tipo de transferencia de calor que implica el movimiento de materia. Este movimiento se produce por los cambios de densidad de la sustancia dentro de un campo gravitatorio (la menos densa, caliente, asciende y la más densa, fría, desciende).

El núcleo terrestre irradia calor con facilidad y el manto, que no es un buen conductor, tiende a acumularlo en las zonas próximas al núcleo. Al calentarse el manto, disminuye su densidad y asciende hasta niveles superiores. En contacto con la litosfera, el manto se enfría, haciéndose más denso, y desciende a niveles inferiores, arrastrando en estos movimientos a la litosfera. A este movimiento con transferencia de energía se le denomina corriente de convección.

Pues bien, una placa litosférica o tectónica, no es más que la parte superficial de esas corrientes de convección del manto que, en su desplazamiento, arrastran consigo, en caso de que lo haya, a la corteza continental, menos densa.

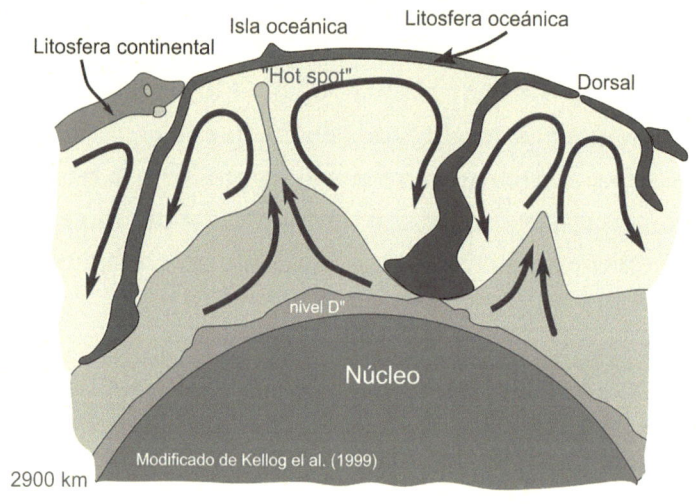

Las corrientes de convección del Manto

La vida de una placa

Como los seres vivos, las placas tectónicas nacen, crecen, se reproducen y mueren. A este ciclo vital se le conoce como ciclo de Wilson.

1. **Ruptura.** A veces se produce una anomalía de calor (anomalía térmica) bajo la litosfera procedente del manto profundo. Cuando se enlazan varias de estas anomalías, la corriente convectiva se divide en dos que, en superficie, divergen. El resultado es una grieta *(rift)* por la que escapa el magma, rompiendo la litosfera en dos bloques que se van separando. Esto ocurre en el valle del Rift en África.

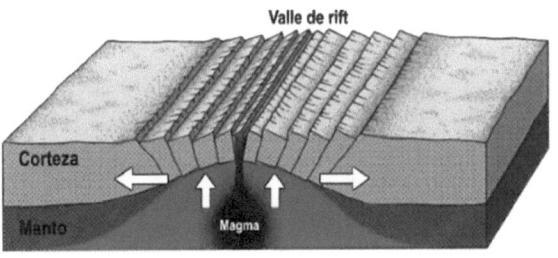

Ruptura continental

2. **Océano estrecho.** Según se van separando los dos bloques, se va formando corteza oceánica, por solidificación del magma que aflora por el *rift* y, en un momento dado, conecta con el océano, cuyas aguas entran entre los dos bloques en que se dividió la litosfera. El resultado es un mar estrecho con actividad volcánica en su fondo y la ruptura de un continente en dos, como es el actual mar Rojo, entre la península arábiga y África.

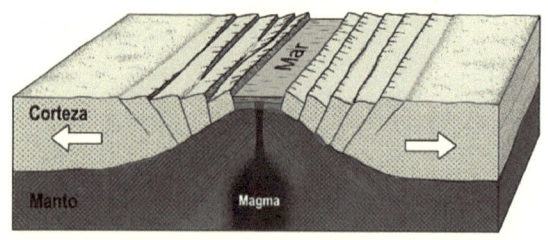

Océano estrecho

3. **Expansión del fondo oceánico.** Por la grieta del fondo siguen divergiendo las células convectivas y la separación entre bloques continúa. Entre ambos hay un océano cada vez más amplio con una elevación en el fondo a todo lo largo (dorsal) y con actividad volcánica. La situación ahora es la del océano Atlántico.

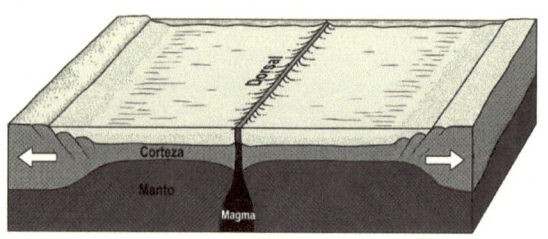

Expansión del fondo oceánico

4. **Arco de islas volcánicas.** La expansión del océano formado llega a generar tensiones que rompen la placa creando un nuevo límite, ahora convergente. La placa se ha vuelto a dividir en dos y una de ellas entra bajo la otra, fenómeno conocido como subducción. El resultado es un arco por donde sale magma (vulcanismo), asociado a una depresión del fondo marino (fosas oceánicas). La situación es la de los archipiélagos volcánicos del perímetro del océano Pacífico (Orla de Fuego del Pacífico).

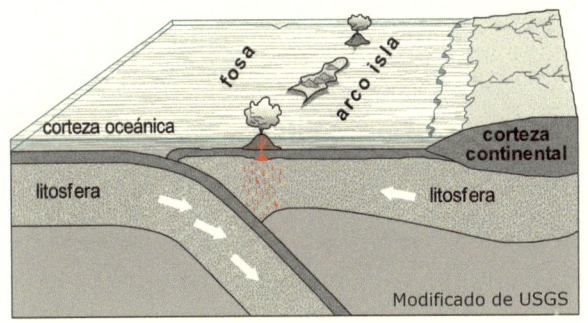

Arco de islas volcánicas

5. **Orógeno andino.** En esta situación, puede darse el caso de que una de las placas vaya acercando a la subducción (línea de convergencia) un bloque de corteza continental. ¿Qué pasaría? Pues que los sedimentos marinos quedarán atrapados entre el arco volcánico y el continente. El conjunto, arco y sedimentos, se adosan al continente creando nueva corteza continental en forma de cordillera litoral, con actividad volcánica y fosa oceánica asociada a la subducción. Pues bien, para seguir con el ejemplo, esta es la situación de las costas occidentales de América, los Andes y las Rocosas, que forman parte del cinturón u orla de fuego del Pacífico.

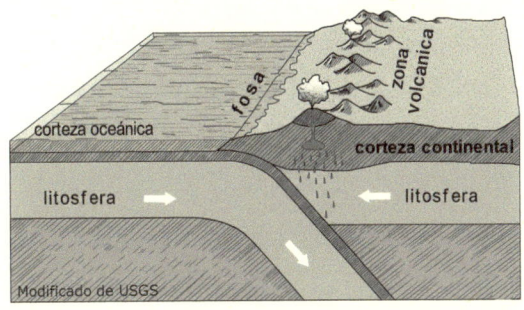

Orógeno andino

41

6. Orógeno himalayano. ¿Y si partiendo del orógeno andino la otra placa también trajera un bloque de corteza continental? El arco volcánico quedaría atrapado entre ambos bloques continentales junto con los sedimentos marinos procedentes de las dos placas. Ambas placas quedan unidas por una gran cordillera que recibe el nombre, muy biológico, de sutura continental. Como podéis suponer, estamos hablando del Himalaya, que une las placas India y Euroasiática.

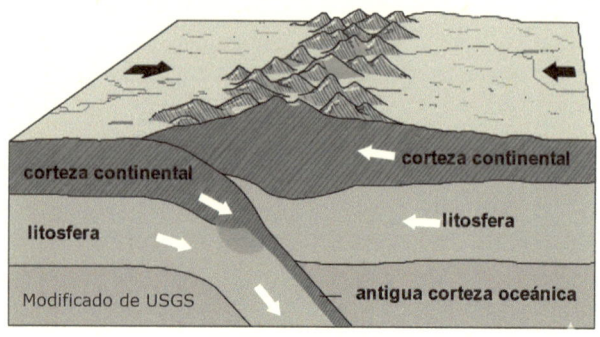

Orógeno himalayano

La evolución de la posición de las placas continentales ha variado a lo largo del tiempo, desde épocas en las que todas las masas continentales han estado unidas a otras en las que las masas continentales se han ido separando, y etapas en las que se han ido juntando hasta colisionar y formar grandes cordilleras u orógenos.

Consecuencias de la tectónica de placas

La tectónica de placas es responsable de las grandes unidades morfológicas del planeta.

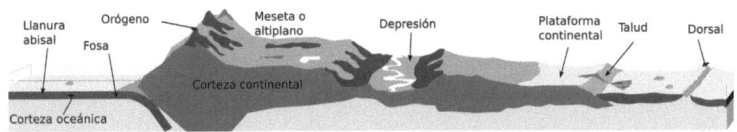

Estructura idealizada de la Corteza

Como ya hemos indicado, las manifestaciones más destacadas de la tectónica de placas son los volcanes, los terremotos y la deformación de las rocas en pliegues y fallas.

Vamos a repasar estos efectos:

Los volcanes

No es difícil recordar, hace apenas unos años, la erupción del Tajogaite, en la isla de la Palma, en Canarias. Fuimos testigos de la enorme cantidad de energía acumulada en el interior de la Tierra que, a veces, se manifiesta mediante las erupciones volcánicas. En estas erupciones, la roca fundida o magma sale al exterior por una abertura, formando un edificio volcánico.

Según sea el estado del material al salir al exterior por la abertura o cráter se distinguen:

• Los **piroclastos** (literalmente piedra de fuego): son materiales expulsados en estado sólido y denominados bombas volcánicas, los fragmentos de mayor tamaño; lapilli, los de tamaño intermedio; y cenizas volcánicas, las partículas más finas.

- La **lava** es el material expulsado en forma líquida. Al solidificarse puede presentar distintos aspectos: *pahoehoe* o cordadas con una superficie lisa y ondulada, con forma de cuerdas; o *Aa* o escoriáceas (malpaís en Canarias), con una superficie irregular formada por fragmentos de lava solidificada, rotos en su avance. Por su aspecto interior, al solidificar, se denominan vacuolares, si tienen burbujas de aire, o masivas si carecen de ellas.

> **¿Y los volcanes se apagan con el agua?**
> Ni por asomo. Un volcán no es fuego. El magma es roca fundida y, aunque en contacto con el agua se enfría, provoca la rápida evaporación del agua. Este enfriamiento brusco hace que las lavas adopten formas semiesféricas que reciben el nombre de lavas almohadilladas o *pillow* lavas. De hecho, este tipo de lava es muy común, ya que la mayor parte de las erupciones se dan bajo los océanos, en las zonas de dorsal oceánica.

- Los **gases volcánicos** compuestos por vapor de agua y azufre. El azufre, al pasar de casi 1000 °C a temperatura ambiente, puede solidificar directamente (sublimación) formando acumulaciones alrededor de las fumarolas, las salidas de los gases. ¡Importante!: el vapor de agua combinado con el dióxido de azufre forma ácido sulfúrico, muy corrosivo y peligroso.

¿Y las piedras flotan?

Sí, algunas piedras pueden flotar. Como la piedra pómez, que es una roca volcánica extremadamente porosa y ligera, con una densidad aparente muy baja, que oscila entre 0,4 y 0,9 g/cm³, menor que el agua, lo que le permite flotar. Su baja densidad se debe a su estructura: es una roca vítrea llena de burbujas de gas (vesículas) que quedaron atrapadas durante la solidificación rápida de la lava.

La naturaleza fluida o viscosa del magma determina el tipo de erupción, el tipo de lava y el tipo de edificio volcánico que se originará (la viscosidad depende de la cantidad de sílice).

Si el magma es muy fluido, debido a su bajo contenido en sílice, las erupciones serán poco violentas, ya que deja escapar los gases con facilidad; las lavas avanzan muy rápidas y recorren largas distancias y los volcanes tendrán laderas muy suaves y extendidas, tipo hawaiano.

Por otro lado, si la lava es muy viscosa, con mayor contenido en sílice, fluye con dificultad, los gases se quedan atrapados y salen de forma muy violenta, arrastrando muchos piroclastos que forman nubes ardientes o caudales piroclásticos. Estas erupciones se llaman *plinianas* o *peleanas*, por dos erupciones históricas: la erupción del Vesubio que destruyó Pompeya en Nápoles; y la erupción del volcán Pelée, que destruyó Saint–Pierre en Martinica.

Entre estos dos tipos extremos tenemos una graduación de erupciones, como los estrombolianos y los vulcanianos, así como distintos edificios volcánicos: los conos cinder, formados por acumulaciones de piroclastos, o los estrato-volcanes, que alternan piroclastos y coladas de lava.

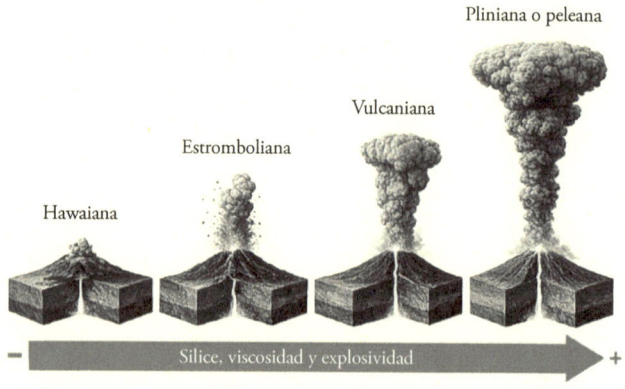

Tipos de erupción volcánica

Mártires de la geología:

Plinio el Viejo fue un naturalista romano que murió durante la erupción del Vesubio, al intentar rescatar a supervivientes a bordo de una galera. Murió asfixiado por los gases y cenizas de la erupción. Durante el rescate fue dictando a su sobrino, Plinio el Joven, todos los detalles de la erupción, que posteriormente recogió en una carta enviada a Tácito, un gran orador romano. En su honor ese tipo de erupción se denomina *pliniana*.

Katia Krafft es una vulcanóloga francesa que, junto a su marido Maurice, fue pionera en documentar en vídeo las erupciones volcánicas, en especial los caudales piroclásticos. Ambos perdieron la vida, junto a otras 40 personas, documentando la erupción del monte Unzen en Japón.

Los terremotos

Durante los terremotos, también llamados sismos o seísmos, la Tierra tiembla a consecuencia del movimiento de dos bloques, que se desplazan a lo largo de una fractura o falla. Este movimiento no es continuo ni fluido. Se produce a saltos, debido a la rugosidad de la superficie de contacto entre ambos. La rugosidad hace que la tensión se acumule en forma de energía elástica. Cuando la fuerza acumulada supera la resistencia de la roca, se produce una rotura súbita que libera la energía bruscamente en forma de ondas.

Es un efecto similar a la ruptura de una vara de madera: primero, se deforma de manera elástica mientras se fuerza, pero, al superar una determinada cantidad de esfuerzo, se produce la ruptura y la liberación de energía en forma de ondas (ruido y sacudida en las manos).

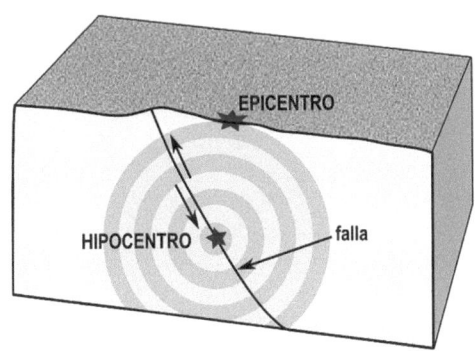

Propagación de un terremoto

La energía liberada por el terremoto se transmite a través de la Tierra en forma de ondas sísmicas —recordad que esto nos permitió conocer la estructura en capas del interior de la Tierra—. Al punto de origen del terremoto se le denomina hipocentro y al lugar más próximo en la superficie, epicentro.

Las ondas sísmicas que se clasifican en tres tipos, según su modo de propagación y su velocidad:

- Ondas P (primarias). Son las primeras que se registran, al ser las más rápidas, ya que vibran en la dirección de propagación de la onda. Pueden transmitirse en líquidos, como el sonido, aunque reduciendo su velocidad.
- Ondas S (secundarias). Son las que llegan en segundo lugar. Su vibración es perpendicular a la dirección de propagación. Eso hace que se disipen con facilidad en medios fluidos y no permitan su propagación.

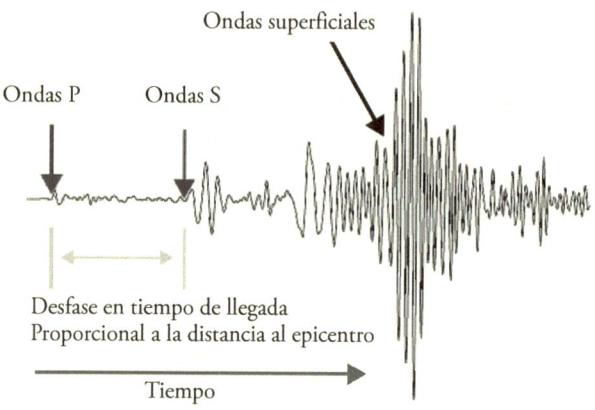

Registro de las ondas sísmicas

- Ondas superficiales que se producen al llegar a una separación entre dos medios muy diferentes (roca–aire, roca–agua, agua–aire). Son las más destructivas, ya que afectan a la superficie terrestre. Deforman la superficie de contacto entre los dos medios.

¿Cómo podemos medir los terremotos?

Una de las formas de medir los terremotos es a través de su intensidad, mediante la observación de las sensaciones producidas y sus efectos en las construcciones y en el entorno. Existen diferentes escalas (Mercalli, MKS), pero todas coinciden en clasificar los terremotos en doce grados (I–XII).

Con la aparición de los sismógrafos, se comenzó a medir su **magnitud**, la energía liberada, mediante la escala Richter. Para su determinación se necesita el registro de al menos tres sismógrafos, lo que permite determinar la situación del epicentro mediante la medida en el sismograma de dos parámetros, la amplitud de la onda y el tiempo de desfase entre las ondas P y las S.

En el capítulo 9 profundizaremos sobre los riesgos que implican los volcanes y los terremotos sobre las personas.

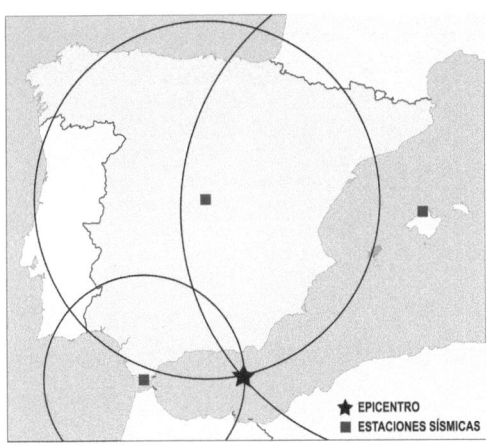

Localización del epicentro

La deformación de las rocas

Siempre pensamos en las rocas como materiales rígidos; sin embargo, en el interior de la Tierra las altas temperaturas y los grandes esfuerzos a los que están sometidas hacen que se comporten de forma diferente a escala geológica (miles o millones de años). En estas condiciones, las rocas sufren deformaciones de tipo rígido (las fallas) y de tipo plástico (los pliegues).

* **Las fallas** son fracturas en los materiales en las que se produce un desplazamiento entre los bloques de roca, denominados labios de falla.

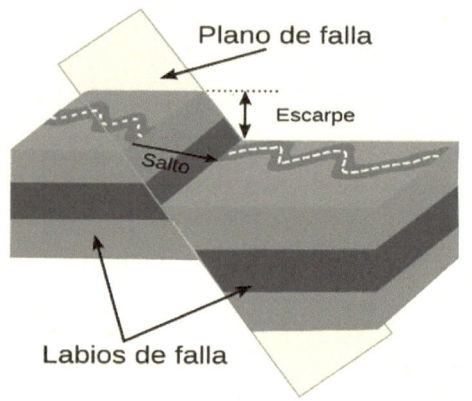

Elementos de una falla

Según el tipo de esfuerzo tectónico se originan tres tipos:

a) Fallas inversas, como respuesta a esfuerzos compresivos. Producen un acortamiento en la horizontal.

b) Fallas normales, como respuesta a esfuerzos extensivos. Producen un estiramiento en la horizontal.

c) Fallas en dirección, como respuesta a un esfuerzo de cizalla. Producen movimientos en la horizontal.

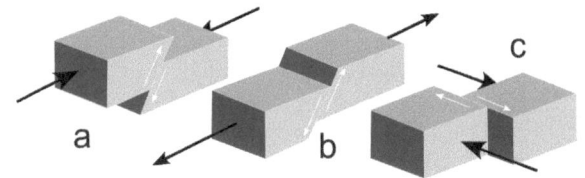

Tipos de fallas

- **Los pliegues** son deformaciones plásticas de las rocas producidas por esfuerzos compresivos mantenidos durante mucho tiempo.

Se denominan anticlinales cuando los materiales del interior del pliegue (núcleo) son más antiguos que los del exterior (flancos). La estructura se abre hacia abajo en forma de A. En los sinclinales los materiales del interior son más recientes que los del exterior y la estructura se abre hacia arriba en forma de U.

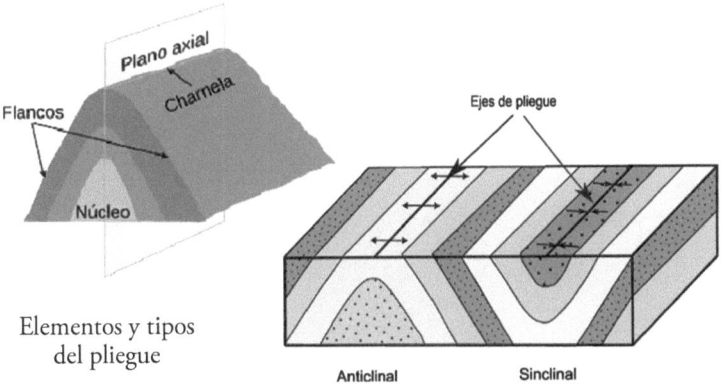

Elementos y tipos del pliegue

Capítulo 4
La piel de la Tierra

Al igual que ocurre en las personas, la superficie terrestre está expuesta a la acción de agentes que modifican constantemente su aspecto. La ventaja que tiene es que, así como unos cambios la envejecen, otros la rejuvenecen, de tal forma que está en continua transformación. Podemos concluir que la Tierra está viva y que así seguirá, con o sin nosotros.

No nos pasa desapercibido que para que algo cambie hace falta un motor que propicie ese cambio, es decir, una fuente de energía. ¿Y qué energía es la que llega a la superficie terrestre? Pues, por un lado, la procedente del calor interno, cuyos efectos ya se vieron en capítulos anteriores; por otro, una fuente de calor (energía) externa, que es la procedente del Sol, razón por la cual a los procesos originados teniendo como fuente de energía la radiación solar los llamamos procesos *externos*.

Bien, pero ¿cómo puede el Sol modificar los rasgos o el aspecto de la superficie de la Tierra? Pues poniendo en marcha los fluidos terrestres, básicamente por calentamiento diferencial de unas zonas con respecto a otras. Estos fluidos en movimiento poseen una energía cinética capaz de actuar sobre los materiales superficiales. Estos, unidos a la atracción gravitacional, son capaces de modelar los diferentes paisajes. Estos fluidos son el agua *(hidrosfera)* y el aire *(atmósfera)*.

El agua realiza su trabajo de modelado del paisaje mediante el *ciclo hidrológico* o *ciclo del agua* y el aire mediante la *dinámica atmosférica*.

El ciclo del agua

Un ciclo, por definición, es una cadena que no tiene ni principio ni fin. El ciclo del agua, como tal, no tiene ni principio ni fin, pero, por pura lógica, lo iniciaremos en el punto donde se halla la mayor reserva de agua de toda la hidrosfera: los mares y los océanos.

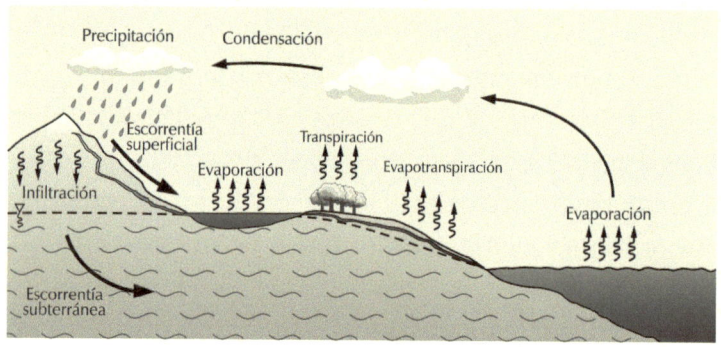

Ciclo del agua

Podríamos describir el ciclo por etapas:

- Evaporación: la radiación solar produce la evaporación del agua de las grandes superficies, como son los mares y los océanos —aunque también hay evaporación en ríos, lagos e, incluso, del suelo, pero en menor medida—.

- Condensación: el vapor de agua, al ascender en altura se enfría, condensándose el vapor en pequeñas gotas o microgotas que acabarán dando lugar a la formación de nubes.
- Precipitación: puede ocurrir que estas microgotas se agreguen unas a otras y ya no puedan permanecer en suspensión. Caerán por simple caída gravitacional en forma de agua líquida (lluvia) o cristalizada (nieve). Si la precipitación ocurre sobre las masas de agua, el ciclo se habrá cerrado, pero, si ocurre sobre la superficie sólida, puede infiltrarse o fluir superficialmente.
- Infiltración: cuando el agua que ha llegado a la superficie encuentra un terreno poroso, se infiltra y pasa a formar parte de las reservas de agua subterránea, hasta que encuentre una salida y sirva de alimentación a ríos y lagos.
- Escorrentía: las aguas que fluyen por la superficie acaban encauzándose y, por gravedad, siguen fluyendo hasta acabar nuevamente en los grandes depósitos de agua, lo que cierra el ciclo.

Dinámica atmosférica

Llamamos presión atmosférica a la presión que la masa de aire ejerce sobre la superficie terrestre en un punto dado. Las diferencias de presión hacen que el aire se desplace de la presión mayor a la menor, tendiendo a igualarse. Este flujo, que en superficie conocemos como viento, se complementa en altura de forma convectiva, de modo que en las bajas presiones el aire es ascendente y en las altas, descendente. Si hubiera vapor de agua, el aire ascendente se condensaría y se producirían precipitaciones. Al contrario, en las altas presiones, al ser descendente el flujo, el vapor de agua se pegaría al suelo y sería absorbido por la propia atmósfera; si la temperatura es baja, se condensaría en forma de rocío o niebla.

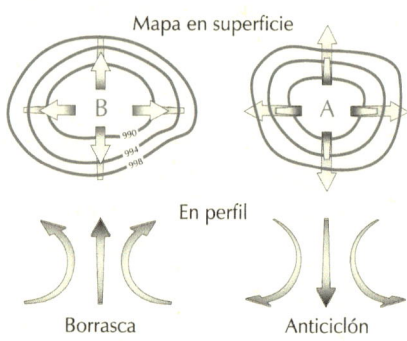

Circulación de los vientos

Estas diferencias de presión se pueden deber a múltiples causas:

- Diferencias de radiación, por ejemplo, por la presencia/ausencia de nubes.
- Brisas: en las proximidades de masas de agua, debido a la lentitud con que el agua gana o pierde temperatura con respecto a las rocas sólidas *(calor específico)*. Más caliente el agua por la noche / alta presión en el mar / flujo hacia tierra. Más fría el agua por el día / baja presión / flujo hacia el mar.

También hay brisas a lo largo de las laderas de las montañas por el mismo motivo. Los fondos de valle, más húmedos, equivalen al efecto de mar y las zonas altas, más secas, a la costa.

- Albedo: es la relación entre la energía solar que llega a la superficie con respecto a la que se pierde en forma de calor. Influyen factores como el vapor de agua o el color del suelo.

Los procesos geológicos externos

Ya tenemos al aire y, sobre todo, al agua moviéndose por la superficie. Pero ¿qué y cómo hacen para degradar los materiales geológicos? Pues depende.

Depende de la combinación de características propias de cada lugar en concreto, como pueden ser la topografía, la litología, la climatología, la posición geográfica, etc. En cualquier caso, son tres los trabajos que realizan: *meteorización, transporte* y *sedimentación*.

Meteorización

Nos presentan a dos personas de la misma edad. Una de ellas ha trabajado toda su vida en el campo y la otra en una oficina de una gran ciudad. Fácilmente podríamos, por el aspecto de su cara, identificar cuál es cada una de ellas. Esa marca que el trabajo a la intemperie deja en el rostro de las personas y también lo deja en la superficie de las rocas. El efecto es la degradación y fragmentación, que acaba destruyendo los materiales originales.

Estos fragmentos desprendidos pueden quedar allí donde se alteró la roca, acumulándose, reaccionando con el agua y los seres vivos, y transformándose en algo diferente. En este caso, con el paso del tiempo, se forma una estructura característica, propia, sobre la roca original, que llamamos *suelo*. El suelo es fundamental para el asentamiento de la vegetación y, por tanto, del establecimiento de un *ecosistema* propio, así como también lo es para los diferentes tipos de cultivo.

Por otro lado, si ese material meteorizado es desprendido y trasladado, es cuando hablamos de *erosión*, a la que le sigue, necesariamente, el siguiente proceso, el *transporte*.

Tanto en un caso como en el otro, la meteorización o alteración de las rocas puede ser el resultado de roturas y fragmentaciones en las que podemos reconocer los integrantes de la roca original disgregados: *meteorización mecánica*; o transformados por el efecto de reacciones químicas: *meteorización Química*.

A continuación, vamos a ver cuáles son los procesos de alteración más comunes.

- **Meteorización mecánica**
  - Abrasión: golpeteo de partículas transportadas sobre las rocas.
  - Descarga: al erosionarse la roca, esa pérdida de peso relaja la presión y se producen grietas por descompresión.
  - Crecimiento de cristales de sal: el agua entre las grietas se evapora y las sales disueltas cristalizan, presionando y agrandando las propias grietas.
  - Gelifracción o gelivación: el mismo caso anterior pero provocado por el hielo al congelarse el agua entre las grietas.
  - Acción biológica: básicamente por el desarrollo de las raíces de las plantas entre las grietas de la roca.

- **Meteorización química**
  - Disolución: ocurre por el paso del agua sobre materiales solubles (yeso, sales, etc.).
  - Hidratación: el agua entra a formar parte de la estructura de algunos minerales, transformándolos en otros más blandos o más solubles (anhidrita a yeso).
  - Hidrólisis: los componentes del agua (H^+ y OH^-) pueden romper enlaces químicos, transformando algunos minerales (algunas micas).
  - Carbonatación: el agua de lluvia, al atravesar la atmósfera, se mezcla con el CO_2 formando ácido carbónico capaz de disolver la roca caliza.
  - Oxidación: la oxidación, con o sin oxígeno, cambia la estructura química de algunos elementos, haciendo más solubles o más blandos los minerales que los contienen (en los minerales de hierro, el Fe^{2+} es más soluble que el Fe^{3+}).
  - Actividad orgánica: los organismos del suelo, como consecuencia de su metabolismo, desprenden y consumen gases que reaccionan con los minerales (CO_2, O_2, compuestos nitrogenados, etc.).

Transporte

Cuando el agente que realizó la meteorización tiene energía suficiente, las partículas se pueden transportar, hasta que se pierde esta capacidad. Lógicamente, las partículas más gruesas necesitan energías mayores, mientras que las más ligeras podrán mantenerse más tiempo en movimiento.

Por tanto, el transporte dependerá, por un lado, del agente transportador (velocidad, densidad, viscosidad), y por otro, del tamaño de las partículas que transportar. transportar.

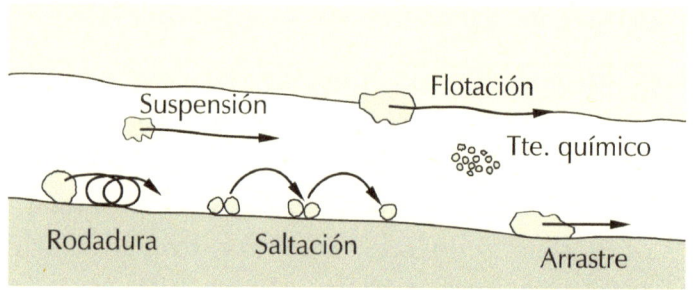

Formas de transporte

También hay que considerar transporte la caída gravitacional de materiales sueltos y las sustancias en disolución.

Sedimentación

¿Hasta cuándo dura el transporte? Hasta que el medio de transporte pierde la capacidad (energía) necesaria.

¿Y esto cómo ocurre? Pues depende de cómo se hayan transportado las partículas, así tendremos las diferentes formas de sedimentación.

¿Y qué ocurre una vez sedimentados esos materiales? Que, tras una serie de procesos, denominados en conjunto *diagénesis*, se forman nuevas rocas, con nuevas propiedades, que son las rocas sedimentarias.

Veamos, pues, las formas de sedimentación:

- **Detrítica.** El medio de transporte pierde su capacidad de transportar y las partículas caen y se acumulan por caída gravitacional. Esta pérdida puede ser instantánea, como en el deshielo de los glaciares, o gradual, como la pérdida de velocidad de un río según va disminuyendo la pendiente. En el primer caso tendremos sedimentos de todo tamaño mezclados; en el segundo caso, primero caerán los más gruesos y se irán seleccionando progresivamente según su tamaño hasta los más finos.

TAMAÑO	SEDIMENTO	ROCA SEDIMENTARIA
Grueso	Cantos y gravas	Conglomerados
Medio	Arenas	Areniscas
Fino	Limos y arcillas	Lutitas
No seleccionado	Mezclado	Brechas

- **Evaporítica.** En climas áridos o, en general, en situaciones de aridez, las aguas superficiales (aguas de escorrentía) pueden llegar a evaporarse sin haber fluido hasta mares u océanos. En este caso, las sustancias disueltas precipitarán, cristalizando y formando capas salinas. La precipitación de estas sales también suele ser gradual. Al ir reduciéndose la masa de agua, la sal se va concentrando y precipitando por orden, según su diferente coeficiente de solubilidad.

Las rocas formadas de esta manera se denominan *rocas evaporíticas*, como, por ejemplo, el *yeso*, la *halita* (sal común) y otras sales.

- **Organógena.** Muchos seres vivos poseen estructuras protectoras o de sostén rígidas, total o parcialmente mineralizadas, cuya acumulación puede dar lugar a rocas. Tal es el caso de gran cantidad de organismos marinos que poseen caparazones o cubiertas calcáreas y, en algunos casos, silíceas, como las conchas, las paredes celulares de bacterias y unicelulares, las espinas, los esqueletos de corales... La caída continua de estos restos llega a formar rocas, como la mayoría de las *calizas–dolomías*, las *radiolaritas*, etc.

- **Orgánica.** También de los seres vivos, pero ahora nos referimos a la materia orgánica.

  Los restos orgánicos lo normal es que pasen a otros seres vivos o, por oxidación, acaben dando lugar a agua y CO_2. Pero, en algunas ocasiones, resulta que esa materia orgánica se acumula aislada de la atmósfera —lo que llamamos un ambiente anóxico (sin o con muy poco oxígeno)—. Entonces, con tiempo suficiente (millones de años), se va transformando en hidrocarburo y enriqueciéndose en carbono. El resultado: *carbones* y *petróleo*.

	CARBÓN	PETRÓLEO
ORIGEN	Vegetal	Plancton
AMBIENTE	Continental	Marino
TIPOS	Turba Lignito Hulla Antracita	Gas Petróleo Asfaltos Betunes

Capítulo 5
Distintos lugares, distintos paisajes

No hay paisajes feos ni paisajes bonitos, solo hay paisajes. Hay quien prefiere paisajes abiertos, como pueda ser una estepa o un desierto; quien prefiere los glaciares o la alta montaña, y quien se encuentra más a gusto en la playa o en la ribera de un río. Así podríamos seguir y seguir no solo con los gustos, sino también con los recelos. El caso es que distintos lugares presentan distintos aspectos naturales que, en conjunto, conforman los diferentes paisajes. El resultado puede atraernos, provocarnos inseguridad o dejarnos indiferentes.

El pasisaje es la percepción polisensorial de un conjunto de relaciones subyacentes.

En el recuadro figura la definición de paisaje que diera en su momento el gran ecólogo Fernando González-Bernáldez y de la que podemos extraer lo siguiente:

1. El paisaje es lo que cada uno percibe por sí mismo.
2. En esa percepción entran en juego los cinco sentidos.
3. Es el resultado de la interacción de múltiples procesos imperceptibles.

Pues bien, esos procesos imperceptibles son el resultado de la conjunción, en un momento y un lugar concretos, de los cuatro sistemas básicos, que son: la geosfera, la *atmósfera*, la *hidrosfera* y la *biosfera*. Por razones obvias, aquí trataremos de la *geosfera* —tal vez, en otro momento, podríamos dedicar un GuíaBurros en exclusiva al paisaje—.

Parece evidente que la geología es la base o el soporte del resto de componentes del paisaje, pero también es cierto que esos otros componentes también modifican a la propia geología, de modo que, desde el punto de vista puramente geológico, se habla de *sistemas geomorfológicos o sistemas morfoclimáticos*, por la contribución del resto de factores.

Sistemas geomorfológicos

Podemos decir que son la particular forma de actuar, sobre la geología superficial, el conjunto de factores que conforman el paisaje. Generalmente, el clima es el condicionante principal, pero, en ocasiones, hay otros factores que se superponen, hasta el punto de dejar su impronta en el paisaje independientemente del clima. A los primeros los llamamos sistemas zonales; en el segundo caso, sistemas azonales.

Entonces, ¿qué sistemas geomorfológicos podemos considerar?

- Glaciar
- Periglaciar
- Fluvial

- Desértico
- Cárstico
- Litoral

Los cinco primeros son los zonales y los dos últimos los azonales.

Hay que tener en cuenta, como otro sistema más, el efecto de la gravedad, que puede actuar de manera independiente o colaborando con el resto de los sistemas. Hablamos, entonces, de sistema gravitacional o procesos de ladera —desde el punto de vista climático hablaríamos de sistema intrazonal, por estar presente junto a cualquiera de los demás sistemas—.

Procesos de ladera

Todo lo que sube, baja; también, si está arriba y se suelta, se caerá.

La atracción gravitacional es la fuerza que nos mantiene unidos a la superficie del planeta. Como la atracción, en caída libre, se va acelerando, solemos decir que, cuanto más alto, más dura será la caída. Por eso le adjudicamos un valor de energía a un cuerpo por el hecho de estar a una determinada altura, que es la denominada *energía potencial*. Como la tendencia es a un mínimo de energía potencial, lo que está arriba tiende a bajar, y esto puede suceder de varias formas:

- **Caídas.** Son bloques de material rocoso que caen de golpe en un momento dado. Según la forma de caer se les puede dar distintos nombres, como desplomes, deslizamientos, vuelcos, etc.

- **Flujos.** Una masa se pone en movimiento ladera abajo, hasta que cesa la pendiente. Puede ser por fluidificación del material empapado de agua (flujos viscosos) o sólidos sueltos que pierden la estabilidad (flujos secos).
- **Reptación.** Las partículas del suelo van desplazándose poco a poco, de forma casi imperceptible, pero continua. El resultado es un desplazamiento, a largo plazo, de toda la ladera.

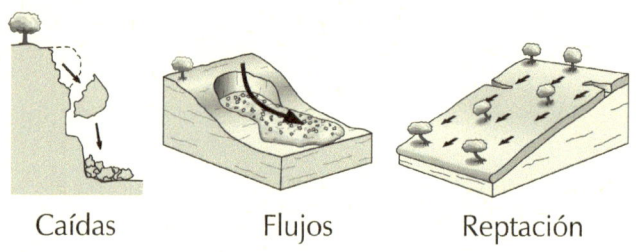

Caídas   Flujos   Reptación

Procesos gravitacionales

Sistema glaciar

¿Cualquier masa de hielo es un glaciar? ¿Todos los glaciares son iguales? ¿Cuánto frío es necesario para que se forme un glaciar? Intentaremos dar respuesta a estas y otras dudas por el estilo.

En primer lugar, un glaciar es una masa de hielo permanente. Las masas de hielo que permanecen unos años sí y otros no, no pueden ser consideradas glaciares. Hablamos, en este caso, de neveros o mantos de nieve, pero no de glaciares.

Para la formación de un glaciar es necesario, en primer lugar, que el volumen de precipitaciones sólidas sea superior al volumen de agua de deshielo —cosa lógica por otro lado—. Esto puede ocurrir, ahora sí, en sitios suficientemente fríos, como son las altas latitudes geográficas o las grandes alturas en montaña, dos situaciones que darán lugar, al menos, a dos tipos de glaciares: continentales y de montaña.

Con respecto a la tercera cuestión, va ligada al tiempo necesario para su formación, que es, como mínimo, el necesario para que la nieve acumulada año tras año se convierta en hielo permanente. Este proceso no es inferior a 25 años.

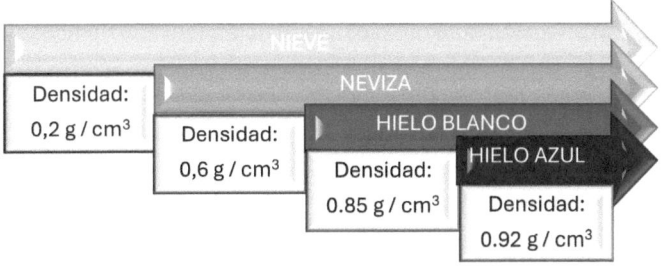

Tipos de glaciares

- **Continentales.** Son grandes masas de hielo en latitudes altas. Reciben distintos nombres según su extensión: campos de hielo, mesetas de hielo y casquetes polares o *inlandsis*, que acumulan el 95 % de todo el hielo terrestre.

  Existen dos casquetes polares, uno en el sur y otro en el norte, como es lógico, pero muy diferentes entre sí: la *Antártida*, con el 85 % del hielo global, y *Groenlandia*, con el 10 %.

Los casquetes o *inlandsis* son extensiones de hielo con espesores que llegan a cubrir la topografía del terreno. Tal es el volumen de hielo que se les llama también glaciares fríos —y no es porque los demás sean calientes, cosa imposible, sino porque actúan como refrigerante climático a nivel global—. Se autoabastecen de frío con efecto sobre todo el planeta.

La Antártida llega a tener espesores de más de 4000 metros de hielo, superior a cualquier altura de la península ibérica, por ejemplo.

Su deshielo, por el calentamiento global, acelera el calentamiento, por la reducción de su efecto refrigerante.

- **De montaña.** En la alta montaña la nieve se acumula en las depresiones (circo glaciar). Si la acumulación es muy grande, rebosa por los valles y fluye hacia zonas más bajas y, por tanto, más cálidas (lenguas glaciares). Al igual que en los continentales, hay diferentes morfologías según las diferentes acumulaciones de hielo.

- **Escandinavo o de montera.** Pequeños campos de hielo en alta montaña. Se solapan las masas de hielo, dando la impresión de pequeños glaciares continentales en montaña.

- **Alaskiano o de piedemonte.** El hielo de varias lenguas llega hasta zonas más bajas, extendiéndose al disminuir las pendientes, solapando y cubriendo de hielo los fondos de valle.

- **Alpino o de valle.** Glaciares formados por la zona de acumulación o circo y la masa de hielo que fluye ladera abajo o lengua. El deshielo se produce antes de llegar al final de la pendiente.

- **Pirenaico o de circo.** El hielo acumulado en el circo glaciar no es suficiente como para rebosar ladera abajo. Suelen ser restos de antiguos glaciares más desarrollados actualmente en retroceso.

El paisaje glaciar

Aunque el flujo del hielo es muy lento (velocidades que no llegan a los 7 km/año), su viscosidad es tan alta (es un sólido fluyendo), que su capacidad de transformación del paisaje es tan grande como la de cualquier otro sistema.

- **Erosión.** El hielo, más que desgastar las rocas, las corta, por lo que sus paisajes son afilados, con muchas aristas, crestas y picos puntiagudos *(horns)*. En general, son formas convexas, por lo que sus valles tienen la característica forma de U.

- **Transporte.** Aunque no lo parezca, el hielo se mueve, y este movimiento lo podemos apreciar por las grietas que se forman en su superficie, producto de los distintos rozamientos y cambios de pendiente. En consecuencia, todo lo que el hielo es capaz de arrancar más lo que le pueda caer de las laderas, avanza englobado en su masa, hasta que por deshielo (ablación), pasa a estado líquido y pierde la capacidad de transportar.

- **Sedimentación.** Como la pérdida de capacidad de transporte se produce en un momento dado —el momento de la ablación—, la sedimentación de los materiales ocurre de golpe. El resultado es una acumulación de materiales, mezclados todos los tamaños y formados por cantos angulosos, que conocemos como morrenas.

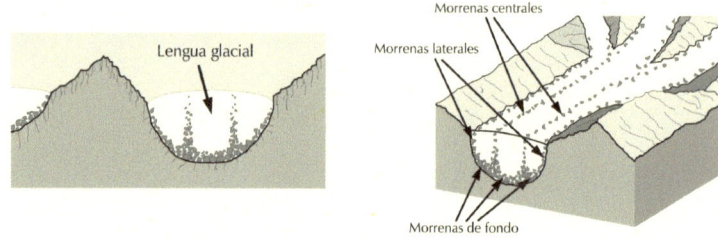

Morrenas glaciares

¿Hielo en el mar?

Pues sí, también hay hielo en el mar.

Debido a su menor densidad con respecto al agua, el hielo lo vamos a encontrar siempre en niveles superficiales, tanto si es autóctono marino como si procede del continente.

- **Plataformas.** Es parte de los glaciares continentales, básicamente de los casquetes polares, cuyo desarrollo excede de la línea de costa y se extiende sobre la superficie marina.

- **Icebergs.** Son bloques de hielo que se desprenden de lenguas glaciares que llegan a la costa o de las propias plataformas.

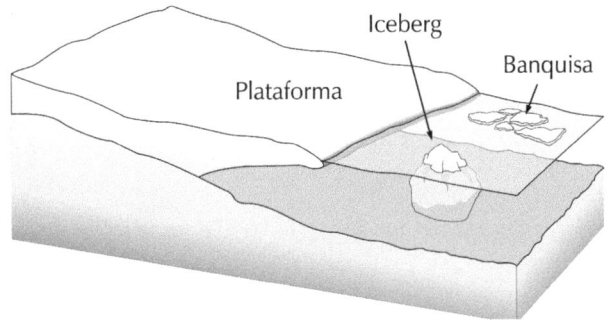

Hielo en el mar

- **Banquisa.** Es la superficie marina congelada por las bajas temperaturas. Forma superficies planas muy extensas que acaban cuarteándose.

> En el polo norte no hay continente como tal, pero durante los meses de invierno permanece congelado por completo, impidiendo el comercio marino.
> En los últimos años, debido al cambio climático, ya no se congela por completo.

Periglaciarismo

¿Nunca se os ha roto una botella de agua en el congelador? De todos es sabido que, cuando el agua se congela, aumenta su volumen, y esto es porque cristaliza. Es la razón por la que el hielo flota en el agua: más volumen, menos densidad.

Pues esta variación de volumen entre el agua líquida y el hielo también tiene su efecto sobre la superficie terrestre, muy distinto al de un glaciar, aunque estemos hablando, también, de hielo. Ahora el agente modelador de paisaje, más que el hielo en sí, es la alternancia hielo–deshielo. Esto ocurrirá en lugares suficientemente fríos para que haya hielo durante el invierno, pero no permanezca en verano.

Son tres situaciones las que dejan la huella del periglaciarismo.

- **Ciclos de helada.** La alternancia hielo-deshielo provoca variaciones periódicas de volumen que deforman los materiales, sobre todo los suelos. El resultado son suelos agrietados y deformados, gelifracción en las rocas y coladas de barro.

- **Coberteras nivales.** Al contrario que los ciclos de helada, las coberteras nivales (mantos de nieve) tienen un efecto protector, tanto para el suelo como para la vegetación, pues aportan agua y protegen de las heladas.

- **Permafrost.** Característico de latitudes altas y alta montaña, muy ligado a zonas de retroceso o pérdida de glaciares. Básicamente se podría definir como suelo permanentemente congelado, de donde le viene el nombre. La parte más superficial, unos pocos centímetros de espesor, llega a descongelarse en verano y se vuelve a congelar en invierno. A partir de cierta profundidad permanece congelado de manera permanente. Esa superficie sometida a congelación–descongelación permite la instalación de una vegetación efímera, pero con suficiente biomasa como para permitir el desarrollo, muy rápido, de todo un ecosistema: la *tundra*.

Sistema fluvial

Lo primero que se nos viene a la cabeza cuando oímos la palabra fluvial son los ríos. Si bien esto es cierto, los ríos son una más de las formas en que el agua superficial fluye, pero no la única.

Al agua que fluye por la superficie terrestre la denominamos *escorrentía superficial.* Fácil acordarse, escurre por la superficie, y es que siempre tiende a desplazarse buscando la máxima pendiente. Según como se desarrolle este flujo, nos vamos a encontrar con tres situaciones:

• Aguas salvajes
• Torrentes
• Ríos

Aguas salvajes

Es el agua que cubre por completo la superficie tras un aguacero. Como característica básica está que no tiene un cauce fijo. A pesar de ello, tras esa primera capa de agua se pueden forman pequeños surcos, que van dirigiendo el agua por zonas concretas; incluso —si el terreno es suficientemente blando y desprotegido de vegetación— estos surcos profundizan dando lugar a cárcavas y barrancos.

Aunque cárcavas y barrancos canalizan el agua, no se les puede considerar cauces fijos, pues, tarde o temprano, acaban arrasadas por las propias aguas.

Al paisaje de cárcavas se le denomina con el término inglés: *bad–lands.*

Si durante la erosión de los *bad–lands,* las aguas se encuentran con un material duro (una roca), esta hace de protector de la erosión, formándose las *chimeneas de las hadas.*

Torrentes

Es el estado intermedio. Comparten con las aguas salvajes el llevar agua solo en momentos de tormenta, no son flujos permanentes; con los ríos, el ser aguas canalizadas, es decir, solo llevan agua tras lluvias más o menos intensas, pero por un cauce fijo.

Los torrentes son característicos de zonas de gran pendiente. El agua recogida de las alturas fluye, ladera abajo, por un canal fijo a gran velocidad y arrastrando gran cantidad de materiales, que se depositarán al pie de la pendiente.

En un torrente se distinguen tres partes:

- **Cuenca de recepción.** La escorrentía salvaje en las zonas altas se va canalizando, hasta formar un embudo que dirige las aguas para encauzarlas siguiendo la línea de máxima pendiente.
- **Canal de desagüe.** Es la incisión formada en las laderas por las que circula al agua canalizada de la cuenca de recepción. Son canales rectos y profundos, generalmente de poca longitud.

- **Cono de deyección.** Al final de la pendiente, las aguas pierden velocidad y se dispersan, abriéndose en abanico. Todo el material arrastrado por el torrente se deposita al pie de la ladera según esa misma forma de abanico que adopta el agua.

Cuando el cono es relativamente grande, recibe el nombre de abanico; cuando se solapan varios al pie de la ladera, se les llama abanicos de piedemonte.

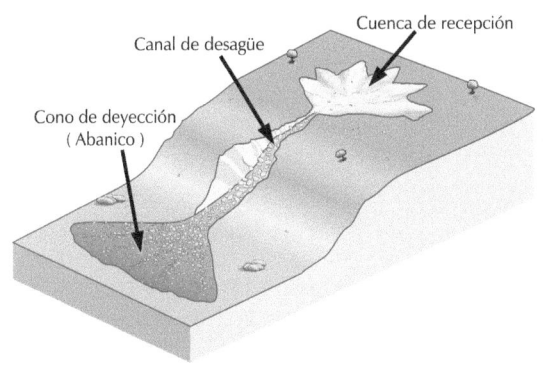

Partes de un torrente

Ríos

Ahora sí, el agua circula de forma estable por un cauce fijo.

¿Y cómo es posible que lleve agua, aunque no haya llovido?

Porque no solo se abastece de la escorrentía superficial, también tiene aportes subterráneos. Un río puede tener un aporte de agua freática (subterránea) o puede perder agua hacia el subsuelo —el caso más conocido es el célebre Guadiana, que se pierde en el acuífero y renace aguas abajo—. En el primer caso, hablamos de río ganador; en el segundo, de río perdedor.

CONCEPTOS IMPORTANTES EN LA DINÁMICA FLUVIAL	
Canal	Superficie de terreno ocupada por el agua. Un canal puede ser simple, si es único, o múltiple, si está ramificado; sinuoso, si describe curvas (meandros), o rectilíneo, si no forma meandros.
Cauce	Superficie de terreno que puede estar ocupada por el agua en momentos de crecida. Aunque el cauce permanezca seco durante años, al ser dominio fluvial, en algún momento llevará agua, por lo que es muy importante respetarlo para evitar desastres en momentos concretos.
Caudal (Q)	Medida de la cantidad de agua del río. Al ser un flujo, el caudal se mide por el volumen de agua que pasa por un punto dado ($Q = m^3 / s$).
Carga	Cantidad de material que es capaz de transportar. Depende de la energía (velocidad y volumen de agua) del río. Si la velocidad disminuye, el río sedimentará, si se acelera, erosionará.
Caudal de equilibrio	Referido a un punto concreto, es cuando hay equilibrio entre erosión y sedimentación.
Perfil	Curva que describe el río desde su nacimiento hasta la desembocadura o nivel de base.
Perfil de equilibrio	Perfil teórico en el que todo el recorrido del río estaría en caudal de equilibrio. La tendencia natural es a alcanzar dicho perfil. Los ríos alejados del perfil de equilibrio son ríos juveniles, con gran capacidad erosiva; los ríos próximos al perfil de equilibrio son ríos seniles.
Rejuvenecimiento	Cuando se producen variaciones en el perfil, por variación del nivel de base (por ejemplo, la subida del nivel del mar), interposición de presas, fallas o cualquier otra casusa que lo modifique, por adaptación a ese nuevo perfil, el río entra en una nueva fase erosiva.

El recorrido de un río

A lo largo de su recorrido, el río va cambiando de aspecto. Generalmente, las zonas más altas suelen tener pendientes mayores, mientras que, según se va acercando a la desembocadura, la pendiente tiende a disminuir. Por otro lado, en las proximidades de su nacimiento la cantidad de agua suele ser menor que cuando va llegando a su nivel de base.

De forma muy generalista, podemos dividir el recorrido del río en tres partes, cada una con sus características propias:

- **Curso alto.** En su primer tramo, la pendiente es mayor, por lo que la velocidad del flujo suele ser alta. Esto, unido a la escasez de carga —todavía no arrastra suficiente material—, hace que su capacidad erosiva sea muy grande.

  El resultado: canales relativamente rectos, aunque frecuentemente con ramificaciones que se entrecruzan (canales trenzados o *braided*), dejando barras de sedimentos, cantos y gravas, entre medias. Su capacidad erosiva hace que el lecho vaya profundizando, encajándose y dando lugar a los típicos valles en forma de V.

- **Curso medio.** La velocidad va disminuyendo y empiezan a alternarse zonas con predominio de la erosión con zonas con predominio de la sedimentación. El cauce tiende a alargarse, describiendo curvas que van ampliando el lecho. El resultado son los valles en artesa.

- **Curso bajo.** En las proximidades a su desembocadura, la pendiente es mínima, de modo que el flujo se ralentiza y tiende a alargarse a base de describir amplias curvas, los meandros.

En un meandro, en el margen convexo se da la velocidad máxima (erosión), mientras que en el cóncavo es la mínima (sedimentación). El resultado es que la curva se va desplazando, hasta que entra en contacto con otro meandro. Así, el canal va moviéndose a lo ancho de una llanura más o menos amplia llamada llanura aluvial. En esta llanura se depositan los sedimentos fluviales, fruto de los desbordamientos, del desplazamiento de los meandros y de la reducción de velocidad. Es parte del cauce que hay que respetar por ser dominio fluvial.

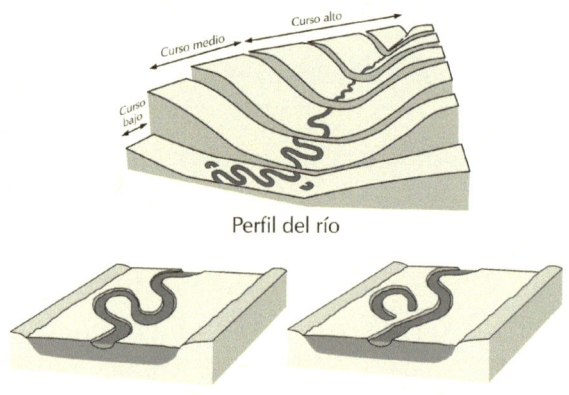

Perfil del río

Divagación de meandros

Perfil de río y divagación de meandros

Hidrograma

Es la gráfica que representa la respuesta de un río ante las precipitaciones. Cada río tiene su respuesta propia, fruto de la mayor o menor rapidez con que las aguas de escorrentía son recogidas y canalizadas. Aquí entran en juego factores como la vegetación, las pendientes de las laderas, la porosidad del suelo, el tipo de roca, etc. Saber interpretarlo es fundamental a la hora de gestionar las riberas y actuar ante las crecidas.

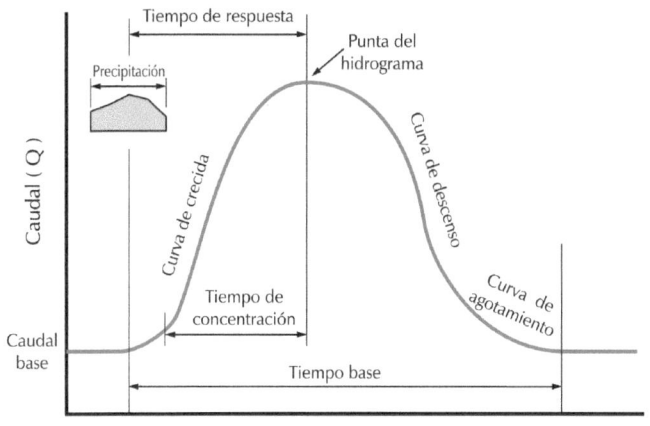

Hidrograma

Sistema eólico

¿Eolo, el dios de los vientos, dónde ejerce sus dominios?

Teniendo en cuenta la gran capacidad de generar paisajes propios del agua y del hielo, ¿dónde podría darse la circunstancia de que el aire, con su escasa densidad y más escasa viscosidad, sea el protagonista del paisaje? Sí, habéis acertado, donde no haya ni agua ni hielo, ¡en los desiertos!

Se da la circunstancia de que el clima desértico, dada su escasez de agua, incluso en forma de vapor, las variaciones térmicas son enormes —del día a la noche puede haber diferencias de hasta 30 °C o más—, lo que provoca tal alternancia de dilataciones y contracciones que acaban disgregando la roca totalmente, originando grandes superficies arenosas (*erg* o desierto de arena) alternas con zonas rocosas (*reg* o desierto rocoso).

Deflación

Como es evidente, el aire tiene muy poca capacidad de sustentación, por lo que las partículas, sobre todo del tamaño de la arena, originarias de las roturas por dilatación/contracción, son transportadas por saltación. Esta forma de transporte, al ser lo más característico del medio eólico, recibe un nombre específico: *deflación*.

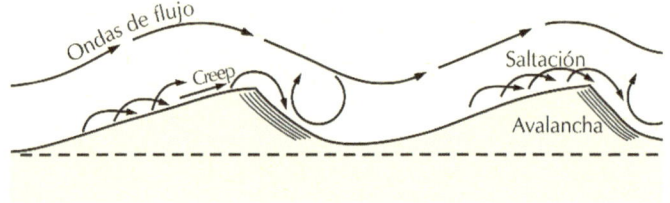

Deflación

Pues bien, la deflación no solo es una forma de transporte, sino que interviene activamente en el proceso de meteorización, por el golpeteo de las partículas contra las rocas (abrasión) y es el mecanismo de sedimentación, que da lugar al típico paisaje desértico: las dunas.

Dunas

Cuando las partículas arrastradas por el viento encuentran un obstáculo, se acumulan en la cara de barlovento. Esta acumulación crece hasta hacerse independiente del objeto que la originó, de modo que ahora es la propia duna la que hace de obstáculo, adquiriendo la característica forma de medialuna. A estas dunas se las conoce como *barjanes*.

Si cambia la dirección del viento, la arena del barján se reorganiza, pasando por un estado intermedio, conocido como duna longitudinal o *seïf*. Si el viento es cambiante, se forman las dunas estrelladas.

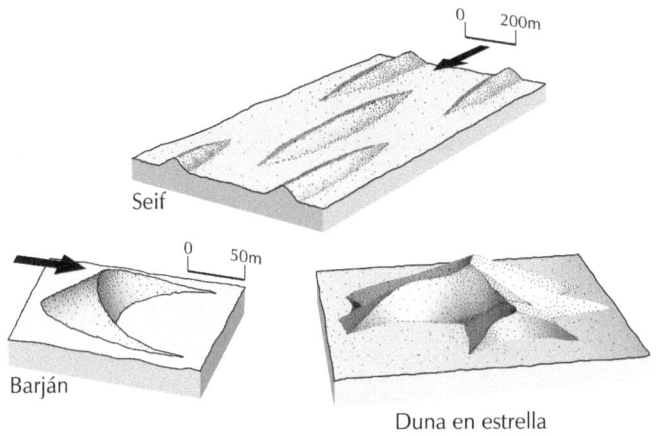

Tipos de dunas

Cuencas endorreicas

Son una variante del clima árido. Básicamente consiste en depresiones que pueden recibir agua en momentos de precipitación. Dada la aridez climática, esas aguas forman encharcamientos en los que se produce la evaporación total antes de que encuentren una salida. Las sales disueltas precipitan, dando lugar a superficies salinas de extensión variable; si la depresión es suficientemente profunda, a lagos salados o hipersalinos (mar Muerto).

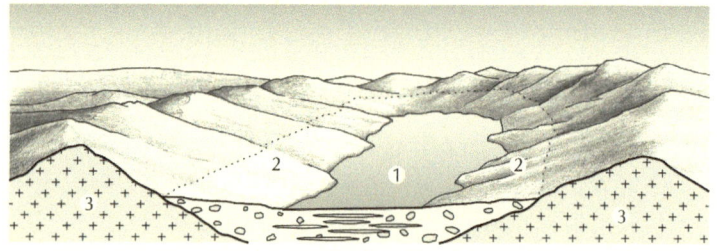

1-Playa-Lake (laguna efímera) **2**-Glacis (sedimentos detríticos) **3**-Sustrato rocoso

Cuenca endorreica

Sistema litoral

Hemos visto, hasta ahora, los sistemas morfológicos que tienen relación con el clima. Hay dos sistemas en los que el factor fundamental en la conformación del paisaje no es el clima, sino otros factores que, por su singularidad, se superponen al clima, creando paisajes propios. Estos son: el litoral, por razones obvias; la interacción continente-mar, y el *carst* o *karst*, asociado a las rocas calizas por su particular forma de erosión.

Pues bien, empezando por el medio litoral, es la energía del mar impactando contra la costa el agente modelador del paisaje.

La energía del mar

Son tres los movimientos del mar sobre la costa: mareas, corrientes litorales y olas.

- **Mareas.** La Tierra y la Luna forman un sistema gravitacional en el que ambas se atraen mutuamente. El efecto de atracción de la Luna se observa en las grandes masas de agua, con subidas, *pleamar*, y bajadas, *bajamar*.

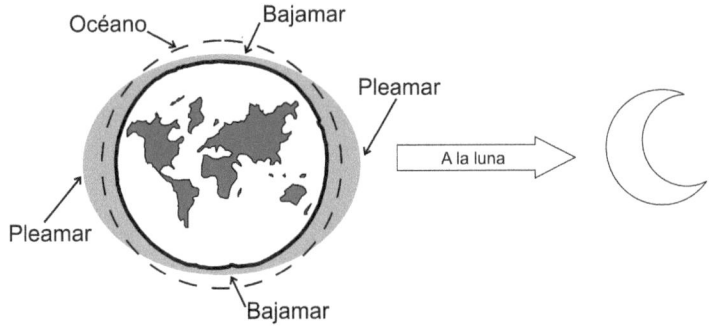

Efecto de las mareas

Resulta que la pleamar es simétrica, es decir, si el nivel del mar sube enfrentado a lugar en que se va situando la Luna a lo largo del día, en el punto opuesto de la Tierra, también hay pleamar. Así, a lo largo de un día completo, aunque la rotación de la Tierra nos enfrente a la Luna una sola vez, se suceden dos pleamares y dos bajamares.

En luna llena y luna nueva, los tres astros, Sol–Tierra-Luna, están en línea, por lo que a la atracción de la Luna se suma la del Sol. La pleamar es más alta y la bajamar más baja, son las mareas vivas.

- **Corrientes litorales**
  - **Corrientes de deriva litoral.** ¿No os ha pasado que, tras un rato jugando en la orilla de la playa y vais a volver a vuestra sombrilla, os sorprendéis pensando que ha desaparecido? Luego os dais cuenta de que sois vosotros los que os habéis ido desplazando sin apenas percibirlo. Pues eso son las corrientes de deriva litoral/CDL.

Ocurren cuando el viento sopla paralelo a la línea de costa y, en consecuencia, las olas inciden oblicuas, desplazando la arena a lo largo de la costa (y a vosotros mientras ejercíais de tenistas playeros).

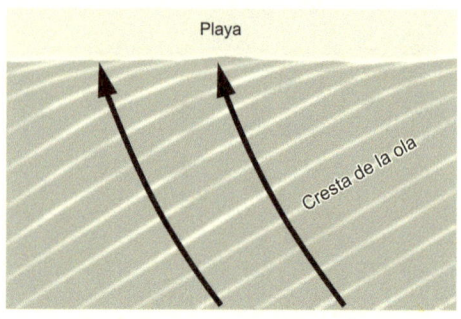

Corrientes de deriva litoral

- **Corrientes de resaca.** De nuevo el mar nos juega una mala pasada, ahora más peligrosa. Tras periodos de tormenta o, en general, de inestabilidad atmosférica, la agitación que sufrió el oleaje se mantiene a cierta profundidad (mar de fondo). Esta inestabilidad provoca reflujos de agua hacia el interior, favorecido por las irregularidades de la línea de costa.

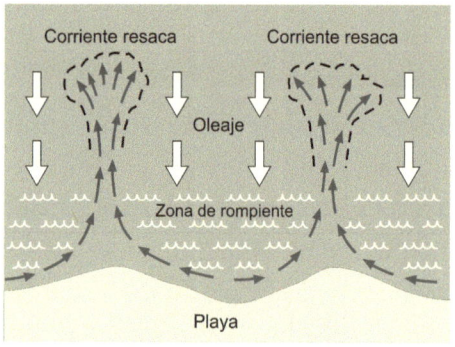

Corrientes de resaca

- **Olas.** Constituyen el principal sistema energético de la costa.

Las olas son ondas circulares generadas por el viento. Como ondas que son, se caracterizan por tener una longitud de onda (distancia entre dos crestas) y una amplitud (altura de la ola).

El movimiento vibratorio se propaga hasta una profundidad equivalente a la mitad de la longitud de onda. ¿Y qué pasa si la profundidad es menor que esa distancia?

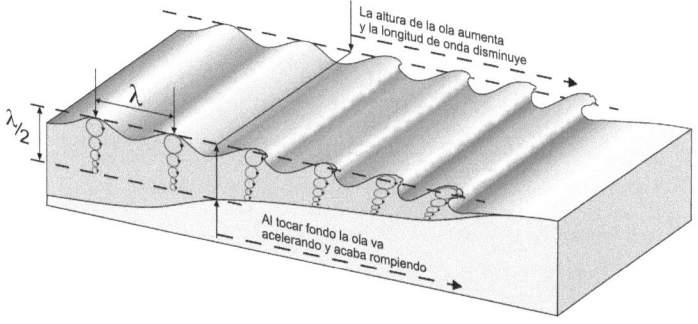

Rotura de la ola *(surf)*

Esto ocurre según la ola se acerca a la costa. Entonces, se produce un efecto que se conoce como refracción de la ola. Los movimientos, que eran circulares, se vuelven elípticos y empieza a predominar el movi miento horizontal sobre el vertical. Ahora la ola se acelera y es cuando rompe, impactando sobre la costa con gran energía. Esta energía se concentra en los salientes (erosión) y hace que casi no llegue a los entrantes (sedimentación).

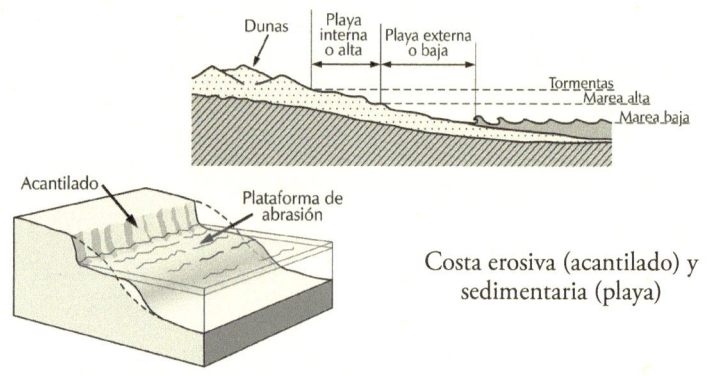

Costa erosiva (acantilado) y
sedimentaria (playa)

El *Karst*

Es el paisaje que se origina en los macizos de roca caliza, por la particular forma de meteorización de esta roca.

En principio, la caliza no es soluble. Está formada por carbonatos, predominantemente de calcio (calcita). El agua de lluvia, al pasar por la atmósfera, junto con el CO_2, forma ácido carbónico que, al reaccionar con la calcita, la transforma en bicarbonato —*hidrogenocarbonato* según las actuales normas de nomenclatura química—, que sí es soluble.

El agua, ligeramente bicarbonatada, se desplaza por las superficies calizas produciendo surcos de disolución *(lapiaces)*. Esta agua penetra por las grietas de la roca, tanto en vertical *(diaclasas)* como en horizontal (a favor de la estratificación) agrandándolas hasta formar un complejo de galerías internas. Estas galerías, en principio, están saturadas de agua, pero, según va aumentando la disolución, el agua se va desplazando hacia niveles inferiores, hasta que encuentra una salida (surgencia) y se forma un manantial.

Las galerías, ahora secas, sirven de tránsito del agua, gota a gota, dejando precipitar cristales de calcita por allí donde el agua ha circulado. El resultado es la formación de estructuras pétreas de formas inverosímiles que reflejan el paso del agua (espeleotemas).

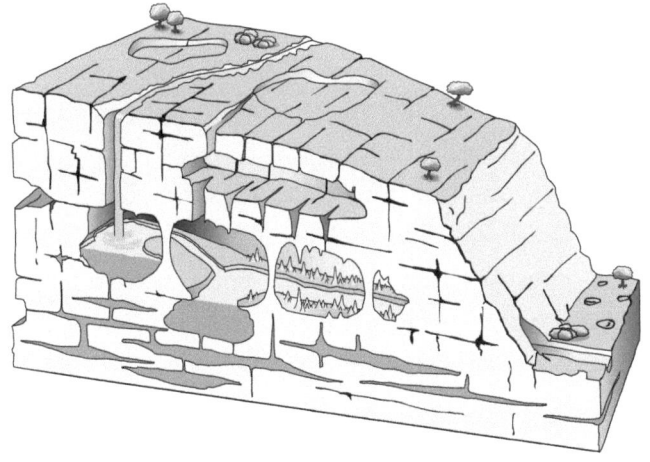

Elementos del *Karst*

En el *karst*, por tanto, podemos diferenciar dos tipos de paisajes: el exterior y el interior.

- **Paisaje exterior.** La disolución exterior de la caliza deja un paisaje formado por:
  - Lapiaces: surcos sobre la roca.
  - Dolinas: depresiones más o menos circulares, producto de disolución o de hundimientos.
  - Poljés: grandes depresiones, resultado del arrasamiento del macizo calizo.

- **Paisaje interior.** Consecuencia de la disolución a favor de grietas y de la cristalización de carbonato disuelto en las gotas de agua que transitan el *karst*.
  - Sifones: galerías inundadas.
  - Galerías: cavidades horizontales.
  - Pozos: galerías verticales.
  - Estalactitas: formaciones largas descendentes del techo.
  - Estalagmitas: crecimientos desde el suelo, en vertical hacia arriba.
  - Columnas: unión de estalactita y estalagmita.

Si las capas de caliza son finas, no se desarrolla el *karst* interior y se puede originar un paisaje que, por su aspecto similar a unas ruinas, se le conoce como ruiniforme. Tal es el caso de *el Torcal de Antequera*.

Aparte de la disolución química de la caliza, el resto de los agentes externos actúan como en cualquier otro tipo de paisajes, arrasándolo y dejando al descubierto lo que otrora fue un complejo de cavidades subterráneas. Ahora se mezclan en el paisaje exterior lo que antes eran galerías y pozos con las estructuras típicas del paisaje exterior. Un ejemplo notable es la Ciudad Encantada de Cuenca.

Capítulo 6
Una larga historia

Los periodos geológicos

¡Y tan larga! Nada más y nada menos que más de 4600 millones de años de edad tiene la Tierra. Tanto es así que la unidad de tiempo que se maneja en geología no es el año ni el siglo, sino el millón de años (m. a.).

De este tiempo pasado lo único que se conserva es su registro en las rocas formadas en cada periodo de tiempo. La estratigrafía es la rama de la geología que estudia la disposición, composición, secuencia y correlación de las rocas sedimentarias estratificadas (estratos) para interpretar la historia de la Tierra.

Los geólogos han establecido un calendario común: la escala cronoestratigráfica internacional. Esta escala, en continua revisión, establece la división del tiempo geológico en unidades —sufrida pesadilla para los estudiantes de Geología por la cantidad de subdivisiones—.

Las divisiones mayores de tiempo geológico reciben el nombre de eones. Cada eón se divide en eras, estas en periodos, y así sucesivamente en divisiones menores —que no vamos a utilizar en este libro—. Como el referente para establecer las dataciones son las rocas formadas durante el periodo en cuestión, hay otra nomenclatura paralela para cuando tratamos de materiales.

Así, establecemos la escala *geocronológica* para dar un valor numérico a los tempos geológicos y otra, la *cronoestratigráfica*, para hablar de los materiales correspondientes a determinado periodo. Por ejemplo, en el Cámbrico encontramos los materiales cámbricos.

Divisiones geocronológicas (referidas a tiempo)	Eón	Era	Periodo	Época	Edad
Divisiones cronoestratigráficas (rocas originadas)	Eontema	Eratema	Sistema	Serie	Piso

La historia de la Tierra se divide en cuatro eones, desde la formación del planeta hasta la actualidad.

- **Hádico** (desde los 4600 m. a. hasta los 4000 m. a.): su nombre significa 'Infierno'. El planeta estaba fundido y los días eran más cortos. Hasta la aparición de la Luna, que estabilizó la rotación terrestre.
- **Arcaico** (desde hace 4000 m. a. hasta hace 2500 m. a.): en este eón la Tierra se enfrió y se formaron la corteza y los océanos. Aparecen los orígenes de la vida y el comienzo del cambio de la atmósfera —se convirtió en oxidante—, gracias a la fotosíntesis y a la producción de oxígeno.
- **Proterozoico** (desde hace 2500 m. a. hasta 540 m. a.): se registran las primeras formas de vida fosilizadas, aunque de difícil clasificación y sin partes duras.

- **Fanerozoico** (los últimos 540 m. a.): es el mejor conocido. Se inicia con la explosión de vida del Cámbrico. No es que los seres vivos no existiesen antes, pero la vida se volvió muy dura y los animales marinos se acorazan con conchas, espinas y escamas, gracias a lo cual fosilizaron muy bien.

  Se subdivide en tres eras: Paleozoico (desde los 570 hasta los 250); Mesozoico (desde los 250 m. a. hasta los 66 m. a.), en la que dominan los reptiles (dinosaurios), y Cenozoico (los últimos 66 m. a.), en los que dominan los mamíferos.

Es muy complicado determinar la edad de una roca de los tres primeros eones (Hádico, Arcaico y Proteozoico); por esta razón, se recurre en geología a un término informal a ellos: Precámbrico, los primeros 4000 m. a. ¡Casi nada!

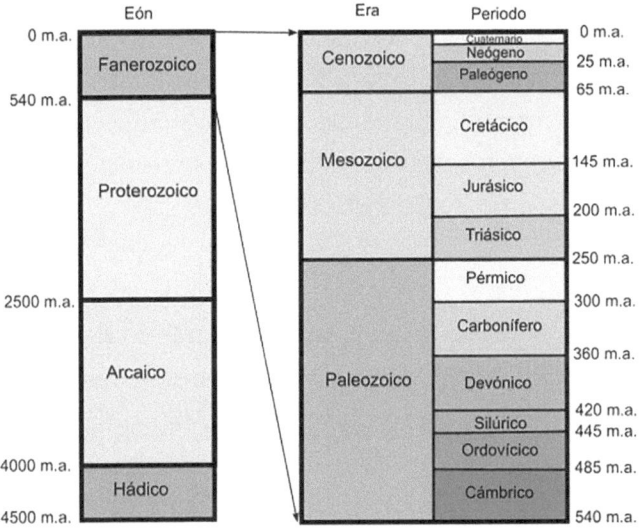

Edades redondeadas

Datación

Para rellenar un calendario hace falta poner fecha a los acontecimientos geológicos. Esta labor es la datación. Existen dos tipos de técnicas para realizarla:

- **La datación absoluta:** que ofrece una edad o una duración concreta de un evento: "sucedió hace x millones de años", "Vivió x años". Se basa en el estudio de la desintegración de elementos radiactivos (carbono 14, uranio–thorio, potasio 40, etc.). Requiere laboratorios especializados y cálculos complejos.

  Se sabe el tiempo que tarda un elemento radiactivo en reducirse a la mitad (periodo de semidesintegración). Si se conoce la proporción de ese elemento o del generado en la muestra, es posible determinar cuánto tiempo lleva ese elemento desapareciendo. Esto es la edad de la roca.

  Otras técnicas se basan en el conteo de fenómenos periódicos, como los anillos de crecimiento de los fósiles de árboles, las marcas de crecimiento en conchas o la alternancia en los sedimentos, como los de los glaciares o los tapices de las algas.

- **La datación relativa:** consiste en ordenar la edad de las rocas y de los sucesos que las afectan indicando qué sucedió antes y qué después. Así, se ordenan los sucesos en una línea de tiempo, siguiendo unos principios científicos sencillos:
  - Principio de superposición de los estratos: Los estratos más antiguos son los inferiores y los más modernos,

los superiores (si no han sufrido una gran deformación).

– Horizontalidad inicial: los sedimentos se depositan en posición horizontal. Si los encontramos inclinados, significa que han sufrido una deformación posterior a su formación.

– Sucesión faunística: las rocas tienen la misma edad que los fósiles que contienen. Dos rocas con los mismos fósiles tienen la misma edad. Una roca con fósiles diversos tiene la edad compatible con todos ellos.

– Sucesión de eventos: un proceso geológico, una falla, una intrusión o un metamorfismo es siempre posterior a la roca que afecta y anterior a la que no afecta.

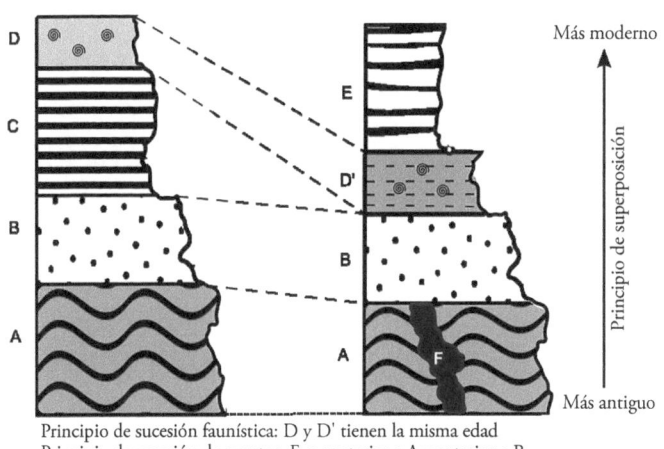

Principio de sucesión faunística: D y D' tienen la misma edad
Principio de sucesión de eventos: F es posterior a A y anterior a B

Ejemplo de correlación de materiales y datación relativa

La datación relativa permitió a los geólogos confeccionar la escala de tiempo geológico, que, con ciertas variaciones, es la que se utiliza actualmente. Por ejemplo, cuando se dice que una roca es jurásica, no se refiere a una fecha precisa, sino a un periodo de más de 50 millones de años, entre el Triásico y el Cretácico. Aun así, este sistema de datación ha permitido a los geólogos establecer una sucesión muy detallada de la evolución de la historia de la Tierra.

La datación absoluta, además, ha permitido poner una cifra concreta en millones de años a los límites entre unidades geocronológicas.

> **Los clavos dorados** *(Golden Spyke)*
> Para datar el inicio de una unidad cronoestatigráfica, es decir, los límites entre las distintas etapas de la historia de la Tierra, se utilizan *estratotipos*, estratos de referencia mundial, determinados por la Comisión Internacional de Estratigrafía.
>
> Los *estratotipos* se señalan en el campo mediante la colocación de un clavo dorado (*Golden Spike* o GSSP, *Global Boundary Stratotype Section and Point)*. En el mundo existen unos 81 GSSP, nueve de ellos, hasta 2025, en la península ibérica.

Los acontecimientos más importantes en la historia de la Tierra

En el **eón Hádico** se origina la Tierra. La superficie estaba fundida, formada por magma, la atmósfera no tenía oxígeno y el planeta sufría un bombardeo meteorítico muy intenso. Hacia los 4200 m. a. se produce la formación o captura de la Luna, tras el impacto de un asteroide con un tamaño similar al planeta Marte. Entre 4100 a 3800 m. a. hay evidencia de otro gran bombardeo meteorítico. Al reducirse la temperatura superficial, se forma la litosfera y aparecen las primeras rocas como islas en un mar de magma, que crecen y se unen mediante choques unas con otras. La condensación del vapor de agua permitió la formación de los océanos primitivos.

En el **eón Arcaico** ya existen evidencias de vida: los primeros estromatolitos (mantos bacterianos que se superponen) de unos 3500 m. a. y fósiles de vida bacteriana de 3100 m. a. En esta época se conforman los cratones, los núcleos de los continentes actuales y se inicia la tectónica de placas.

En el **eón Proterozoico** la vida cambia el planeta, debido al aporte de oxígeno producido por la fotosíntesis. Entre los 2500 y los 1800 m. a. se forman la mayor parte de los depósitos de hierro bandeado, que indican ya cierta cantidad de oxígeno. Aparecen las primeras células aerobias y las primeras células eucariotas. Los primeros continentes se unen formando Pangea I. Comienza a formarse la capa de ozono. A continuación, aparecen los primeros seres vivos pluricelulares, las algas rojas y verdes; los primeros metazoos, fauna de Edicara, y los primeros hongos. Se producen las primeras glaciaciones.

En la **era Paleozoica** se diversifican los invertebrados. Las plantas (briofitas) y los animales (artrópodos) salen del agua y colonizan la tierra firme. La atmósfera alcanza niveles de oxígeno similares a los actuales. Aparecen los primeros vertebrados, los peces acorazados. Los peces dan lugar a los primeros vertebrados terrestres, los anfibios y, posteriormente, los reptiles. Surgen las espermatófitas, plantas con semillas. Se produce la orogenia hercínica, que, tras una gran colisión, reúne a los continentes formando un único continente, Pangea II, y un único océano, Pantalasa. Esta reducción de hábitats origina la gran extinción del final del Paleozoico.

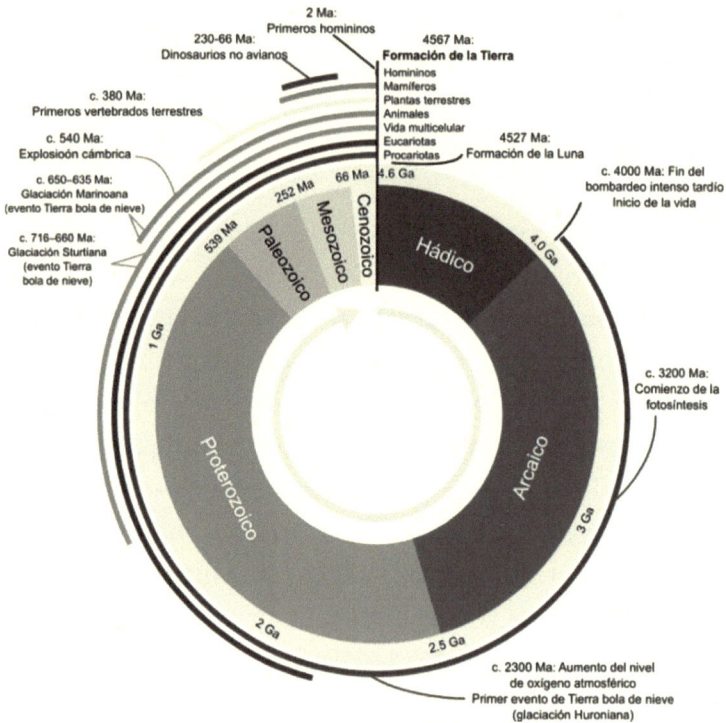

Principales sucesos y periodos de la historia de la Tierra

En la **era Mesozoica** se distinguen el Triásico, Jurásico y Cretácico. Durante el Jurásico comienza la expansión de los dinosaurios y otros grandes reptiles, que se extienden por todos los mares y continentes. Pangea II se fragmenta en dos grandes masas: Laurasia al norte y Gondwana al sur, que se irán separando y fragmentando. Laurasia originará Norteamérica, Europa y Asia, mientras que Gondwana originará los actuales continentes de América del Sur, África, Australia, Antártida y la India. Aparecen los mamíferos, las aves y las angiospermas (plantas con flor), y con ellas una gran variedad de insectos. Al final del Cretácico tiene lugar una gran extinción cretácica por el impacto de un gran meteorito, en la que desaparecen los dinosaurios (menos las aves) y todos los *Ammonites*.

En la **era Cenozoica** los mamíferos se diversifican y se extienden por toda la Tierra. Continúa la expansión del océano Atlántico. Se crean las grandes cordilleras actuales durante la orogenia alpina-himalayana, al cerrarse el mar de Tetis que separaba Eurasia de África, Oriente Próximo e India. Aparecen los homínidos y tienen lugar las grandes glaciaciones y la formación de los casquetes polares. Finalmente aparece la especie humana *(Homo sapiens)*.

El Cuaternario: el Plutón de las eras

Plutón dejó de ser considerado un planeta en astronomía y, de la misma forma, en 2009 la Comisión Internacional de Estratigrafía dejó de considerar el Cuaternario como una era y rebajó su categoría a periodo. Esto implicó la desaparición del término Terciario y su integración en el Cenozoico.

Era	Periodo	Época	inicio en m.a.	Eventos principales
Cenozoico	Cuaternario	Holoceno	0,01	Final de la Edad de Hielo y expansión de *Homo sapiens*.
		Pleistoceno	2,6	Ciclos de glaciaciones. Evolución de los homínidos. Extinción de la megafauna.
	Neógeno	Plioceno	5,5	Formación del istmo de Panamá. Hielo en el Ártico y Groenlandia. Autralopitecos.
		Mioceno	23	Desecación del Mediterráneo. Reglaciación de la Antártida.
	Paleógeno	Oligoceno	34	Orogenia Alpina. Glaciación de la Antártida.
		Eoceno	56	India colisiona con Asia. Máximo térmico. Extinción final del Eoceno.
		Paleoceno	66	Clima uniforme, cálido y húmedo. Expansión de los mamíferos.
Mesozoico	Cretácico		145	Máximo de los dinosaurios. Primitivos mamíferos placentarios. Extinción masiva del Cretácico-Terciario.
	Jurásico		201	Mamíferos marsupiales, primeras aves, primeras angiospermas.
	Triásico		252	Extinción masiva del Triásico-Jurásico. Primeros dinosaurios, mamíferos ovíparos.
Paleozoico	Pérmico		299	Formación de Pangea. Extinción masiva del Pérmico-Triásico.
	Carbonífero		359	Abundantes insectos, primeros reptiles, bosques de helechos.
	Devónico		420	Aparecen los primeros anfibios.
	Silúrico		444	Primeras plantas terrestres fósiles.
	Ordovícico		485	Dominan los invertebrados. Extinciones masivas.
	Cámbrico		530	Explosión cámbrica. Primeros peces.
	Proterozoico		635 720 1200 1400 1600 1800 2300 2500	Fósiles de animales pluricelulares. Superglaciación. Formación de un supercontinente (Rodinia). Posibles fósiles de algas rojas. Expansión de los depósitos continentales. Atmósfera oxigénica. Gran Glaciación. Gran Oxidación. Primeros eucariotas.
	Arcaico		2800 3200 3600 4000	Fotosíntesis oxigénica. Cratones más antiguos. Primera glaciación. Comienzo de la fotosíntesis anoxigénica y primeros estromatolitos. Primer supercontinente.
	Hádico		4567	Formación de la Tierra.

Capítulo 7
Hablan nuestros antepasados

Os preguntaréis qué tienen que ver los seres vivos con la geología. Pues mucho. Hemos visto anteriormente su importancia en la formación de rocas orgánicas y organógenas, pero no es la única relación. Volvemos a reivindicar que los límites entre las ciencias son mera invención humana para delimitar campos de estudio. La naturaleza es un todo y, como tal, los límites del conocimiento son difusos.

De las múltiples relaciones que podemos establecer entre la biología y la geología, la más íntima es la Paleontología, el estudio de la vida del pasado, es decir, de los fósiles. ¿Qué aporta el estudio de los fósiles?

Por un lado, permite establecer las líneas evolutivas de los seres vivos hasta llegar a la biodiversidad actual, que no es más que un suma y sigue del proceso evolutivo. Por otro, nos aporta mucha información de los ambientes del pasado, variaciones climáticas e, incluso, los movimientos de los continentes.

¿Qué es un fósil?

Simplificando mucho, podríamos decir que un fósil es un resto, mineralizado con el paso del tiempo, de un ser vivo del pasado.

Aunque hay algunas fosilizaciones excepcionales en las que se aprecian las partes blandas, la mayor facilidad de fosilización la tienen los tejidos duros, ya que la dureza suele ir asociada a una mayor proporción de materia inorgánica en la composición del tejido. Y, por supuesto, cuando un tejido ya es mineralizado por sí, su probabilidad de fosilizar en mucho mayor.

Los tejidos más fácilmente fosilizarles son, por ejemplo:

- Conchas (moluscos, braquiópodos), corales, paredes celulares de algunos unicelulares (dinoflagelados, foraminíferos) y de estromatolitos (células fotosintéticas muy primitivas que forman grandes mantos calcáreos), etc., con un muy alto contenido en calcita.
- Paredes celulares (diatomeas), espículas (esponjas) y otros, de sílice.
- Huesos de vertebrados, con alto contenido en fósforo, calcio y otros muchos minerales.
- Estructuras con quitina (exoesqueletos, uñas, cuernos…).
- Tejidos vegetales de sostén, como corteza o madera (xilópalo).

Entonces, ¿no podemos saber nada acerca del interior de estos organismos?

Es más complicado, porque su fosilización es más difícil. A pesar de ello, ha habido fosilizaciones extraordinarias de partes blandas (Burguess–Shale, Ediacara) que nos han permitido abrir una pequeña ventana más allá del Paleozoico.

Aparte, otras formas de fosilización nos ayudan a entender ambientes y formas de vida del pasado. Podemos citar:

- Icnitas. Son huellas de actividad biológica (pisadas, rastros).
- Palinología. Estudia los pólenes, que, aunque microscópicos, se encuentran en todo tipo de sedimentos. Son un indicador ambiental fundamental.
- Moldes. A veces no tenemos el fósil, como tal, sino la impronta que dejó en el sedimento.

Fósiles y geología

Son fundamentales para establecer la datación de un material y para describir el ambiente de aquel momento.

En cuanto al ambiente, por similitud con los equivalentes actuales, podemos saber, por la composición paleontológica de un estrato, si era continental o marino, de aguas profundas o someras, clima árido o húmedo. También nos da idea de los movimientos de los continentes. Nos basamos en lo siguiente:

- Un estrato tiene la edad de los fósiles que contiene. Podemos datar un estrato si conocemos el periodo de existencia de sus fósiles. La edad será aquella que es compatible con todos ellos, es decir, donde solapan sus periodos de existencia.

- Fósiles comunes en continentes hoy separados, sin posibilidad de intercambio biológico, indica que estuvieron, o pudieron estar, juntos en algún momento. Así podemos establecer los movimientos continentales.
- Fósil–guía: son fósiles que, su sola presencia, ya nos indican la edad del material que los contiene. Para que un fósil adquiera la categoría de guía debe cumplir unas condiciones:
  - Amplia difusión geográfica (fósiles cosmopolitas).
  - Rápida dispersión. Coetáneo en todo el planeta.
  - Periodo de existencia muy concreto.

A modo de ejemplo, los dinosaurios son fósiles–guía del Mesozoico. Aparecen en el Triásico y desaparecen en el Cretácico. Los podemos encontrar en todos los continentes.

Fósiles y biología

La paleontología nos proporciona las líneas evolutivas que han seguido los diferentes grupos biológicos, sus ramificaciones, extinciones y adaptaciones al medio. En definitiva, es una herramienta fundamental para establecer los árboles filogenéticos (líneas ramificadas que muestran las trayectorias de los distintos grupos biológicos, así como la relación entre los diferentes grupos).

- **Hádico.** Es el periodo de consolidación del planeta. No hay restos de vida ni de actividad biológica.

- **Arcaico.** Más que fósiles, lo que caracteriza a este periodo son los indicios de actividad biológica. Los organismos eran unicelulares y procariontes (células muy simples, como las bacterias actuales, sin núcleo celular definido). La atmósfera carece de oxígeno, por lo que, metabólicamente, tenían que ser anaerobios. Debido a la escasez de materia orgánica, abundaban las células autótrofas (fabrican materia orgánica a partir de sustancias simples, con o sin la energía del Sol), que, como consecuencia, desprendían oxígeno, lo que llegó a modificar totalmente la composición y las características de la atmósfera terrestre. Se volvió oxidante.

- **Proterozoico.** Con la atmósfera oxidante, el rendimiento metabólico es más eficaz y, en consecuencia, se acelera la evolución. Aparecen las células eucariotas (con núcleo definido y orgánulos celulares) y los pluricelulares. No hay un registro fósil continuo, debido a la escasez o carencia de tejidos duros, salvo alguna fosilización de esas que llamamos excepcionales —Ediacara es la más espectacular—.

Origen de la célula eucariota

La bióloga **Lynn Margulis** propuso la *teoría simbiótica* para explicar el paso de la célula procariota, sin orgánulos definidos (bacterias, cianobacterias y arqueas) a la eucariota, con núcleo aislado y orgánulos funcionales a partir de la agrupación y asimilación, por simbiosis de células procariotas diversas.

- **Paleozoico inferior.** Hace 570 millones de años aparecen los primeros organismos marinos con estructuras duras (conchas, fundamentalmente). Es como una explosión de vida que marcó las líneas evolutivas que han llegado hasta nuestros días.

  Aparecen los moluscos, los corales, los artrópodos (los trilobites)...

- **Paleozoico superior.** A finales del Silúrico, hace 400 millones de años, se produce un hecho fundamental en la evolución: la conquista del medio terrestre.

  Las primeras plantas (los helechos, que llegaron a portes arborescentes), los pequeños artrópodos (algunas arañas, los ciempiés...) y los primeros anfibios.

- **Mesozoico.** La era de los grandes reptiles, dinosaurios y afines. En el ambiente continental, junto con los reptiles, se desarrollan las plantas con semilla, primero las coníferas y, ya al final, en el Cretácico, las fanerógamas (con flor verdadera).

  En ambiente marino, es el dominio de los *ammonites,* junto a peces óseos.

  Durante el Mesozoico, procedentes de un pequeño grupo de reptiles, aparecen los mamíferos, pero su diversificación no llega hasta la desaparición de los dinosaurios. Por otro lado, un grupo de estos dará lugar a las actuales aves, consideradas como descendientes directos de los grandes reptiles.

- **Cenozoico.** Dominio, diversificación y dispersión de los mamíferos, que ocupan todo tipo de ambientes.

Básicamente son todos los grupos biológicos de hoy en día en menor o mayor grado de evolución.

Este desarrollo de los mamíferos incluye la aparición de un grupo de los primates, los homínidos, que, tras una travesía de algo más de 5 millones de años, culmina en la única especie hoy en día presente: el *Homo sapiens*.

Capítulo 8
Todo un mundo de recursos

Cuando pensamos en el recorrido de la Humanidad, desde los primeros homínidos hasta hoy, nos sorprendemos de la cantidad de accesorios de los que nos hemos ido rodeando para que, en mayor o menor grado, nos vayan haciendo la vida más cómoda (relativamente, si pensamos en que, para sobrevivir hoy en día, dedicamos ocho horas diarias de trabajo, mientras que los neandertales, con cuatro horas dedicadas a la caza y mantenimiento de herramientas, les era suficiente).

Ahora pensemos en qué son esos accesorios: vehículos, electrodomésticos, agua en casa, electricidad, transportes, comunicaciones, ocio y mucho más que se os pueda ocurrir. Pues bien, todo eso hay que prepararlo, instalarlo, manufacturarlo, transportarlo, etc.

¿De dónde sale todo lo necesario para que esto funcione? Resulta que lo único que tenemos es nuestro planeta, de modo que, directa o indirectamente, todo sale de lo que la Tierra nos pueda ofrecer, y eso es a lo que llamamos *recursos naturales*.

Un recurso natural es cualquier bien, material, energético o psicológico, obtenido de la naturaleza que, ya sea directamente o mediante algún proceso de transformación, suponga un beneficio y su explotación sea rentable o necesaria.

Renovabilidad

La Tierra, en su conjunto, es lo que llamamos un sistema cerrado, que quiere decir que sus intercambios con otros sistemas son inexistentes desde el punto de vista de la materia, aunque puede haber un cierto intercambio de energía. Esto es así porque, salvo el excepcional caso de la caída de meteoritos, la cantidad de materia de la Tierra es constante, aunque, con respecto a la energía, hay un aporte continuo procedente del Sol.

¿Y qué ocurre si estamos consumiendo unos materiales que ya estaban presentes desde el origen? Pues que, si no los devolvemos a su entorno natural, puede llegar el día en que se agoten.

¿Y esto es así con todos os recursos? No con todos, pues hay determinados recursos que se pueden ir regenerando o que, por mucho usarlos no se van a agotar. Es decir, hay recursos renovables y recursos no renovables.

- **Tasa de explotación (E).** Velocidad a la que se extrae un determinado recurso de la naturaleza.
- **Tasa de renovación (R).** Velocidad a la que, de forma natural, se crea un determinado recurso.
- **Recursos renovables.** Aquellos en los que la tasa de explotación es menor que la de renovación ($E < R$)
- **Recursos no renovables.** Aquellos en los que la tasa de explotación es mayor que la de renovación ($E > R$)

Algunos recursos pueden ser renovables o no renovables, dependiendo del uso al que se les va a destinar. Por ejemplo, el agua, para consumo humano, podemos considerarlo no renovable, pero para producir electricidad en una central o para navegación, podemos considerarlo como renovable. Incluso para consumo humano, el agua en un país húmedo, como puedan ser los países nórdicos, puede ser renovable, mientras que en los países de la Franja del Sahel es claramente no renovable.

Tipos de recursos

Los recursos se pueden clasificar de muchas formas: por su origen, por su uso, por su renovabilidad, por su procesado... Ateniéndonos a la definición general de recurso, los vamos a clasificar en:

- Energéticos: calor, electricidad, locomoción.
- Materiales: minerales, alimenticios, hídricos.
- Antropológicos–ecológicos: recreativos, culturales, biodiversidad.

Hay recursos que podríamos llamar de un solo uso, mientras que otros los podemos utilizar para funciones muy diversas. Volvemos a poner el caso del agua, capaz de producir energía en una central hidroeléctrica, servir como recurso alimenticio para consumo, para practicar deportes acuáticos y fundamental para el mantenimiento de la biodiversidad.

Recursos energéticos

Si nos preguntan qué es la energía, la verdad, yo no sabría exactamente qué contestar. Un mineral o una roca los puedes tener en la mano y mostrarlos; una bacteria, aunque no la veamos a simple vista, sí la podemos observar con un microscopio. Hay muchos ejemplos más. Pero la energía, ¿quién la ha visto? Los físicos dicen aquello de que es la capacidad de producir trabajo, que se puede presentar de varias formas y que entre esas formas de energía ni se crea ni se destruye, solo se transforma.

¿Esa capacidad de producir trabajo a base de transformaciones qué tiene que ver con la geología? Pues que muchas de esas transformaciones que hace a la energía capaz de servirnos para nuestras necesidades tienen que ver con lo único de lo que disponemos, nuestro planeta.

¿Qué usos le vamos a dar a la energía: calor, electricidad, movilidad...? Para ello utilizaremos los recursos que la naturaleza nos ofrece: carbón, petróleo, minerales, agua, aire e, incluso, los propios seres vivos. Por su propia naturaleza, unos son renovables y otros no renovables.

Ahora la pregunta es qué hacemos con tantas formas de energía, tan variadas y con tantas aplicaciones. La respuesta es: diversificar las fuentes según las posibilidades de cada lugar y las necesidades de uso. No, por comodidad, basarse en una única fuente, pues cuando dé problemas no tendremos alternativa.

RECURSO	USOS	VENTAJAS	INCONVENIENTES
CARBÓN	Calefacción Fabricación de acero Electricidad	Uso directo No requiere transformación	Minería peligrosa Bajo rendimiento Altamente contaminante No renovable
PETRÓLEO	Calefacción Combustible motores Electricidad Asfaltos Industria química	Alto rendimiento Diversidad de usos Fácil manejo	Necesidad de refinado Contaminante No renovable
GAS NATURAL	Calefacción Combustible motores Industria química	Buen rendimiento Pocos residuos Ideal para uso doméstico	Dificultad de manejo Necesario licuarlo No renovable
NUCLEAR FISIÓN	Electricidad Locomoción (submarinos, barcos)	Altísimo rendimiento	Emisión de radiactividad Almacenaje de residuos Necesidad de refrigeración No renovable
NUCLEAR FUSIÓN	Como la de fisión (en principio)	Mejor rendimiento No radiactiva Renovable (H inagotable)	¡No está todavía controlada para su uso pacífico!
HIDRÁULICA	Electricidad	Renovable Gratuita	Dependencia hidrológica Imprevisibilidad Redes de distribución Anegación de terrenos
EÓLICA	Electricidad	Limpia Gratuita Renovable	Régimen de vientos Redes de distribución Contaminación visual
SOLAR	Calefacción Electricidad	Limpia Gratuita Renovable	Dispersa Transformación inmediata
BIOMASA	Biodiésel Gas Alcoholes	Renovable	Cambio de uso de cultivos
GEOTÉRMICA	Calefacción Electricidad	Renovable	Muy dispersa
MAREOMOTRIZ	Electricidad	Limpia Renovable	Régimen de mareas Muy puntual

Recursos minerales

Hablar de recursos y de geología, para un gran porcentaje de personas, es hablar de lo mismo. Ya vimos que la geología no solo son piedras, pero en este caso sí podemos considerarlo. Por otro lado, hablar de recursos minerales es hablar de minería.

La minería abarca todas las técnicas necesarias para la explotación de los minerales que, de un modo u otro, son de interés. Estas técnicas son aplicables a las diferentes etapas de la extracción minera, como son:

- Prospección: trabajos encaminados a la detección, valoración y puesta en valor.

- Explotación: determinación y puesta en marcha de los trabajos de minería extractiva, en función del tipo de extracción, si es en galería o a cielo abierto.

- Cierre y restauración: al terminar la explotación, tienen que estar definidos los trabajos de restauración paisajística que devuelvan el paraje a sus condiciones ambientales originales.

Yacimientos

¿Qué tiene que ocurrir para que se inicien los trabajos de prospección en un lugar concreto? Rápidamente, diréis, que haya una concentración suficiente de un determinado mineral. Pues sí, y eso es a lo que llamamos *yacimiento*.

Un yacimiento es una concentración de un mineral o roca de interés económico o industrial y cuya explotación sea rentable.

Un yacimiento se caracteriza por:

- Mena: el mineral o roca explotable que define al yacimiento. Es la razón de ser del yacimiento.
- Ganga: minerales y rocas acompañantes a la mena sin interés minero. Es el material desechable.
- Ley del yacimiento: proporción entre mena y ganga. La ley nos dice a partir de cuándo el yacimiento es rentable y a partir de cuándo deja de serlo.

Buscadores de oro

Algunos metales, como el oro, se pueden encontrar de forma natural, sin asociarse a otros elementos para formar un mineral, sino en estado puro (elementos nativos). Debido a su alta densidad, se puede encontrar formando pepitas en el lecho de algunos ríos por lo que extracción solo requiere batear el sedimento y sacar las pepitas. A estos yacimientos se les conoce como *pláceres*, palabra derivada del placer de encontrarse el oro en estado puro. Esto es lo que generó la avidez por su búsqueda y, de ahí, las célebres fiebres del oro.

En principio, cualquier proceso petrogenético (formador de rocas), en determinadas condiciones, puede originar un yacimiento. Así, hay yacimientos de rocas ígneas, de rocas metamórficas, sedimentarias e, incluso, orgánicas (carbón y petróleo).

Principales minerales y rocas de interés económico

- Metálicos:
  - Sulfuros: pirita, galena, calcopirita, cinabrio...
  - Óxidos: cuprita, magnetita, oligisto...
- No metálicos: halita, silvina, fosfatos, fluorita...
- Elementos nativos: oro, azufre, platino, plata, grafito...
- Rocas industriales: arcillas, calizas, cuarcita, margas, conglomerados...

Utilidad de los recursos minerales

- De interés industrial: minerales metálicos, etc.
- De interés estratégico: uraninita, petróleo...
- Para obras públicas: margas, yacimientos de áridos...
- Rocas ornamentales: plutónicas, metamórficas...
- Gemas: diamante, granates, platinoides...

Las aguas subterráneas

¿Quién no ha visto un pozo alguna vez? ¿Para qué sirve un pozo? ¿Cómo es posible que de un agujero en el suelo salga agua?

Estas y otras preguntas, frecuentes cuando vemos un pozo activo, en muchas ocasiones son respondidas de la manera más fácil e intuitiva: "Es que aquí hay un río subterráneo". Pues resulta que, aunque podamos extraer agua, en ocasiones hasta sin control, la idea de un río fluyendo por el subsuelo es, cuando menos, rara.

Entonces, ¿de dónde salen esas aguas?

Vamos a intentar dar respuesta a esa pregunta

El agua en el suelo

Ya vimos que parte del agua que fluye por la superficie, agua de escorrentía, puede absorberla el suelo, siempre y cuando este sea suficientemente poroso como para permitirlo. Ahora bien. No basta con que sea poroso, porque, si esos poros no están conectados entre sí, el agua no puede acceder a la totalidad de ellos. Así, distinguimos entre dos características de los suelos:

- Porosidad: cantidad de poros con respecto al volumen. Por ejemplo, si decimos que de un metro cúbico de suelo hay 300 decímetros cúbicos de poros (agujeros). La porosidad será del 30 %.
- Permeabilidad: cantidad de esos poros conectados entre sí. Por ejemplo, ¿os habéis preguntado por qué la célebre piedra pómez flota en el agua? Sí, porque tiene muchos poros, pero al no estar conectados, no entra el agua y hacen de flotador.

Bien, ya tenemos el agua entrando hacia el subsuelo. Ahora ¿qué pasa con ella?

- Puede quedar adherida en la superficie de los componentes minerales: agua pelicular.
- También puede retenerse entre estos componentes: agua capilar. Muy importante porque entre gota y gota de agua queda una burbuja de aire permitiendo que las raíces de los vegetales puedan tener agua y aire.
- Cuando la cantidad de agua excede la capacidad de retención cae, por gravedad, hacia niveles inferiores: agua gravífica.

- Tarde o temprano, el agua encontrará un nivel impermeable. Quedará retenida y se irá acumulando, saturando los poros del suelo. Esta agua formará una capa continua entre las partículas del suelo. Es el agua **freática.** Al nivel del suelo a partir del cual encontramos todos los poros saturados le llamamos **nivel freático.**

Por tanto, ¿el agua en el suelo es un río o, más bien, una esponja con sus poros saturados de agua?

Salvo en el caso del *karst,* que vimos en otro capítulo, donde se abren galerías por las que circula el agua libremente, en la mayoría de los casos lo que hay es un terreno permeable cuyos poros están saturados de agua.

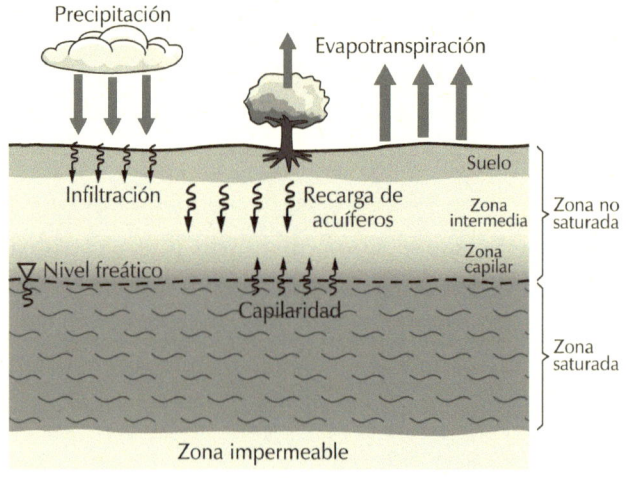

El agua en el suelo

¿Y cómo es posible que podamos extraerla mediante un pozo?

Cuando hacemos un pozo, lo que estamos haciendo es, de esa capa freática, quitar el soporte mineral; lo que queda es un hueco saturado de agua. Es como si hiciéramos uno de esos poros muy grande, dentro de la capa freática.

Ahora tenemos un hueco (el pozo) donde el agua está libre de impedimentos para fluir, por lo que, con la correspondiente bomba, podemos extraer el agua con un caudal que dependerá, exclusivamente, de la potencia de la bomba. Pero resulta que el agua en el subsuelo se mueve mucho más lentamente, de modo que podemos agotar el agua del pozo. Mientras estamos succionando, la depresión creada hace que el nivel freático descienda en el entorno del pozo, de modo que habrá que esperar un tiempo hasta que, por flujo subterráneo, vuelva a su nivel. Es algo parecido a cuando tomáis un granizado de limón y succionáis con la pajita hasta que solo queda el hielo y tenéis que esperar a que se recupere.

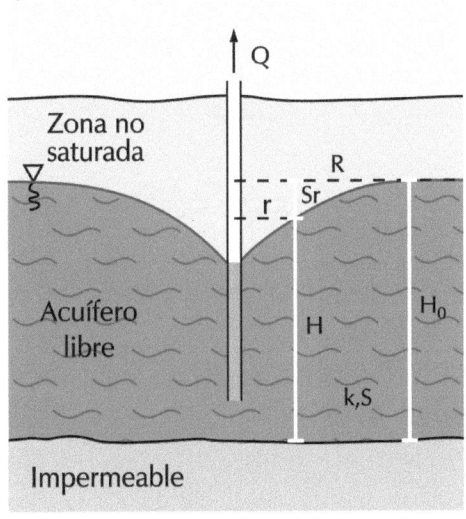

Cono de depresión entorno al pozo

117

No todos los suelos son iguales

Antes de seguir, una aclaración. Cuando hablamos de suelos con respecto al comportamiento de las aguas subterráneas, no solo nos estamos refiriendo al suelo como formación procedente de la meteorización que ya vimos anteriormente, sino que incluimos, también, cualquier material geológico que cumpla esos requisitos. Lo correcto es decir formación geológica.

Una vez que el suelo está saturado de agua, ¿qué ocurre, se queda estática o, por el contrario, se mueve? Pues se mueve, pero a una velocidad muy inferior a como se movería en superficie. El hecho de estar saturando los poros hace que el efecto de la capilaridad retenga el flujo. Como muestra, si en superficie medimos la velocidad del agua en metros por segundo, en el subsuelo la medimos en metros por día. Sea como fuere, el caso es que sí, se mueve más o menos en función de la capacidad de retención o de transmisión de la formación que almacena el agua. Así podemos distinguir los tipos de formación según su comportamiento hídrico:

- Acuífero: formación capaz de almacenar agua y transmitirla.
- Acuitardo: formación capaz de almacenar agua y transmitirla con dificultad.
- Acuícludo: formación capaz de almacenar agua, pero no de transmitirla.
- Acuífugo: formación impermeable. No entra el agua.

Como podéis suponer, el tipo de formación para extraer agua de manera eficiente es el acuífero. Un detalle muy importante: el acuífero es la formación geológica, no el agua. Un acuífero puede estar saturado o vacío, pero sigue siendo igual de acuífero. Al igual que un vaso de agua puede estar lleno o vacío y sigue siendo igual de vaso.

¿Hacia dónde se mueve el agua?

El agua superficial se desplaza de arriba hacia abajo, porque va de mayor energía potencial a menor, como ya vimos. Pues el agua subterránea también, lo que pasa es que los potenciales energéticos del subsuelo no solo están regidos por la altura. Hay que tener en cuenta la retención por capilaridad, la presión de las formaciones geológicas o el confinamiento del acuífero. Con todos estos parámetros podemos encontrar, incluso que de forma natural pueda llegar a fluir hacia arriba.

Tipos de acuíferos

- Acuífero libre: el nivel freático está en contacto directo con la atmósfera, por tanto, a presión atmosférica.
- Acuífero confinado: limitado, superior e inferiormente, por capas impermeables. El nivel freático está a mayor presión que la atmosférica.

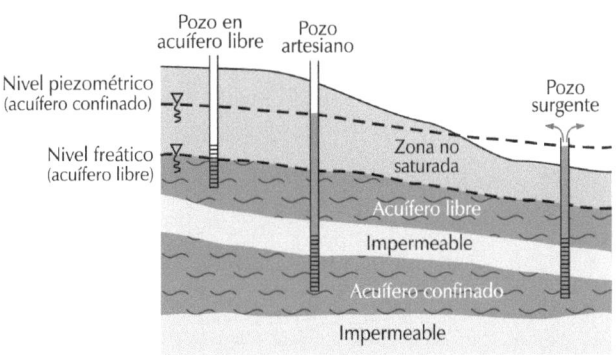

Cuando abrimos un pozo, el agua lo inunda hasta la altura en que se equilibra con la presión atmosférica. Esta profundidad se conoce como **nivel piezométrico.** Entre dos pozos próximos, el agua circulará del que alcanzó el nivel mayor hacia el de nivel menor.

Es muy importante saber hacia dónde va el agua. Imaginad que tenéis una fosa séptica y un pozo para abastecimiento de agua potable. ¿Dónde pondríais cada elemento?

Problemas ambientales

• **Contaminación.** Como hemos visto, el flujo de las aguas subterránea es muy lento. El tiempo medio de renovación del agua en un acuífero (tiempo de residencia) es de centenares a miles de años.

Cuando tenemos un foco de contaminación afectando a una masa de agua, para devolverla a su estado natural hay que empezar quitando el foco de contaminación y, después, dejar que se renueve por completo el volumen del agua —esto como mínimo, en el supuesto de que no haya que descontaminar el sustrato—. Mientras que en un río la renovación completa puede durar de decenas de días a unos pocos meses, en un acuífero será de miles de años, por lo que es frecuente asumir que un acuífero contaminado es un acuífero perdido.

Afortunadamente, hay técnicas de descontaminación, pero pasan por tratamientos largos y costosos.

¿Y por qué se puede contaminar un acuífero?

Pues es como el célebre ejemplo del que barre y lo esconde bajo la alfombra. El agua subterránea no se ve, pero está ahí. Cualquier sustancia que vertamos sin control, con las aguas superficiales, tanto de lluvia como de escorrentía, se va a filtrar a niveles inferiores. Por otro lado, los pozos abandonados son al subsuelo lo que una herida abierta a nuestro organismo. Esto, unido a la tendencia natural de utilizar cualquier hueco para echar basuras, da lugar a la entrada de contaminantes sin control.

Por tanto, podemos considerar, de manera general, los tipos de contaminación que afectan a las aguas subterráneas:

- Los vertidos en grandes superficies, como es la utilización de pesticidas, herbicidas y demás, que son arrastrados al subsuelo por las aguas superficiales, a lo que llamamos contaminación difusa.
- Focos concretos de contaminación, como pueden ser pozos abandonados, fosas sépticas o vertederos incontrolados, que forman la contaminación puntual.

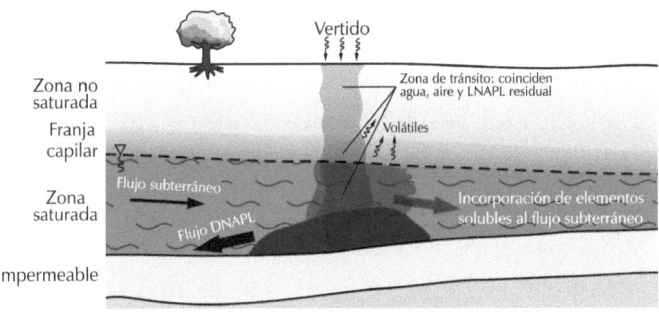

Contaminación de un acuífero

- **Sobreexplotación.** Llamamos recarga a la entrada de agua al subsuelo y descarga a la salida del subsuelo al exterior. La recarga se produce por las aguas superficiales, como son las aguas pluviales (lluvia), la escorrentía y los ríos perdedores. La descarga es hacia los ríos ganadores: de forma natural, si la topografía corta al nivel freático produciendo una laguna o tabla; o artificialmente por extracción de agua en los pozos.

En la explotación de un acuífero, ya sea para abastecimiento o para regadío, es importante hacer la estimación de la recarga, pues, como es lógico, si sacamos más agua de la que entra, los niveles freáticos descenderán y, en casos extremos, podemos quedarnos sin tan preciado recurso.

Dijimos que la extracción en un pozo produce una depresión del nivel en su entorno. Ocurre a veces que, si en el entorno de un pozo se perfora otro más profundo, la depresión de este deja sin agua al anterior. Ha ocurrido en algunas zonas en que se ha iniciado una carrera de pozos cada vez más profundos. El resultado ha sido el descenso de los niveles y la pérdida de recursos hídricos.

- **Salinización.** Una formación permeable a las aguas superficiales, como es lógico, lo será también a las aguas salinas.

En las zonas costeras hay dos niveles freáticos, uno de agua dulce y otro de agua salada procedente de la filtración del agua marina. Al ser más densa el agua marina, su nivel freático está por debajo, de tal modo que, en zonas litorales, suele haber una bolsa de agua dulce sobre el agua filtrada desde el mar.

Muy frecuentemente, el abastecimiento de agua para las poblaciones litorales es subterránea, obtenida de esa bolsa de agua dulce. Para extraer el agua es necesario succionar mediante bombas, creando una depresión en el nivel inferior que eleva el agua salina hacia niveles superiores. Si la extracción es suficientemente intensa, los dos niveles se mezclan, haciendo inviable el uso del agua para abastecimiento.

Capítulo 9
Cuando la Tierra se enfada

¿Qué son los riesgos naturales?

Los riesgos naturales son los fenómenos de la naturaleza que pueden causar daños a un territorio y a las personas que habitan en él. Pero los riesgos naturales no son solo el fenómeno en sí, sino la probabilidad de que ese fenómeno afecte a una comunidad.

Todos tenemos una idea aproximada de lo que es estar en riesgo. Sin embargo, desde la ciencia se define el riesgo con una fórmula que depende de tres factores clave:

Riesgo = exposición x vulnerabilidad x peligrosidad

- La **exposición** representa el valor de los bienes que se encuentran en el área afectada por un fenómeno natural. Su valor es cero cuando no hay ningún bien presente en esa área.
- La **vulnerabilidad** es el porcentaje esperado de daño que los bienes expuestos pueden sufrir si ocurre el fenómeno. Se expresa en % del valor total del elemento en riesgo.
- La **peligrosidad** es la probabilidad de que un lugar, en un intervalo de tiempo determinado, se vea afectado por un fenómeno peligroso.

Ante un riesgo natural se deben tomar dos tipos de medidas para reducir los daños y mejorar la seguridad de la población:

La **predicción** intenta determinar de forma científica qué, cómo, cuándo. dónde y por qué ocurre un fenómeno natural. Se basa en el estudio del medio para conocer lo mejor posible el fenómeno natural ayudado por la estadística de sucesos anteriores. Es labor de especialistas como los geólogos. La predicción permite establecer mapas de riesgo.

Con la **prevención** se toman medidas antes de que suceda el fenómeno, para reducir los daños. Incluye la protección civil, con planes de actuación, sistemas de alerta previos, evacuación; la educación de la ciudadanía con campañas informativas, simulacros, formación en las escuelas y la preparación personal, con kit de emergencias que incluya reserva de agua, linterna, radio y medicación.

Es importante señalar que la acción humana puede modificar alguno de estos parámetros, para bien o, más frecuentemente, para mal. De esta manera, podemos hablar de:

- Riesgo natural: resultado, exclusivamente, de la dinámica natural.
- Riesgo inducido: cuando una acción humana potencia o agrava el riesgo natural. Por ejemplo, una carretera a lo largo de una ladera de fuerte pendiente puede favorecer que haya un desprendimiento; las construcciones en zonas inundables…

- Riesgo tecnológico: se crea un suceso natural desfavorable donde no hubiera ocurrido de no haber actuado el ser humano. Por ejemplo, el hundimiento del terreno tras la construcción de un túnel.

¿Qué fenómenos naturales originan riesgos geológicos?

Los riesgos geológicos tienen su origen en procesos naturales de la Tierra debidos a la dinámica externa, como los huracanes, los tornados, las danas y las inundaciones, o a la dinámica interna como los volcanes, los terremotos y los maremotos.

Los fenómenos naturales ocasionados por la dinámica externa de la Tierra son:

- **Los huracanes** son sistemas de baja presión que se forman generalmente en los trópicos. Originan vientos intensos y grandes precipitaciones que causan inundaciones. Son característicos de las costas orientales de los continentes: la costa atlántica de América y la costa pacífica de Asia. Se puede predecir su trayectoria con bastante antelación.

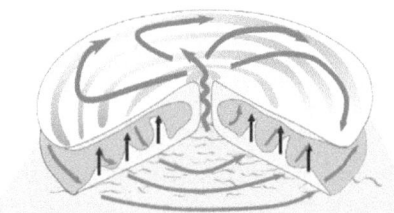

1. Alta temperatura en el agua
2. Aire muy húmedo asciende ⇑
3. Rápida condensación en niveles altos
4. Grandes precipitaciones y alta velocidad de vientos ⇨

Proceso de formación de un huracán

- Los **tornados** son columnas de aire que giran a alta velocidad y cuyo extremo inferior está en contacto con el suelo. Es el fenómeno atmosférico ciclónico de mayor densidad energética de la Tierra, aunque de poca extensión y de corta duración (desde segundos hasta más de una hora). Son difíciles de predecir en su ubicación concreta.

- Las **danas** (depresiones aisladas en niveles altos) o gotas frías son fenómenos meteorológicos que consisten en que una masa de aire muy frío se desprende de la corriente principal en las capas altas de la atmósfera y se mueve de forma independiente, creando inestabilidad. Al encontrarse con aire cálido y húmedo cerca de la superficie, la masa de aire frío, más denso, cae reemplazando a la masa cálida y húmeda, que, al ascender, condensa esa humedad produciendo grandes precipitaciones en un corto espacio de tiempo.

- Las **inundaciones** se producen cuando el agua de un río se desborda de su cauce y ocupa las áreas adyacentes durante períodos de precipitación intensa. Las inundaciones fluviales son procesos naturales periódicos. Han sido la causa de la formación de las llanuras aluviales, las vegas y las riberas, donde normalmente se ha desarrollado la agricultura. La ocupación de estas áreas para otras actividades ha aumentado el riesgo de provocar daños. La previsión meteorológica, junto con los mapas de riesgo, una buena planificación urbanística, la monitorización de los caudales de los ríos y una adecuada coordinación de protección civil, pueden minimizar los daños personales.

Los fenómenos naturales ocasionados por la dinámica interna de la Tierra son:

- Los **volcanes,** cuyo riesgo va a ser muy diferente según el tipo de actividad del volcán. Las erupciones de tipo pliniano o peleano son las más peligrosas en cuanto a víctimas. Las erupciones del Vesubio en Italia y del Mont Pelée en Martinica dejaron decenas de miles de víctimas. Actualmente se han logrado predecir los comienzos de actividad con bastante precisión estudiando la actividad sísmica previa a la erupción.

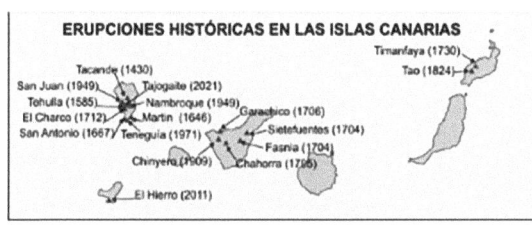

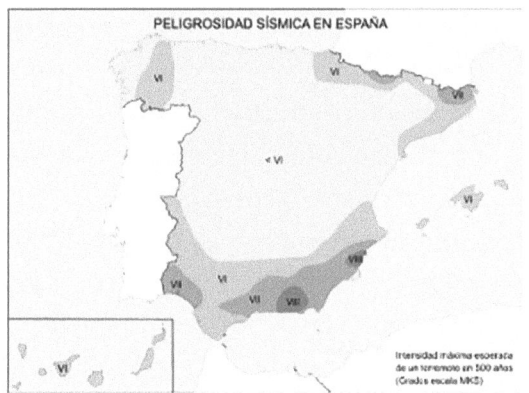

Principales zonas de riesgo interno en España

129

- Los **terremotos** no son predecibles en cuanto al lugar exacto ni el momento, aunque se conocen las zonas más probables en las que se puede producir uno. Esto hace que la prevención sea de gran importancia. Es fundamental seguir unas normas de construcción y saber cómo actuar antes, durante y después del terremoto.

Terremoto de Lisboa de 1755. El nacimiento de la sismología moderna

El 1 de noviembre de 1755, alrededor de las nueve y media de la mañana se produjo un terremoto con epicentro al SO del cabo de San Vicente que causó cerca de 100 000 víctimas. Originó un maremoto que arrasó las costas atlánticas, produciendo grandes daños en Portugal y las provincias de Huelva y Cádiz. La ciudad de Lisboa quedó totalmente arrasada, por los daños del terremoto, del maremoto y del incendio posterior.

El terremoto de 1755 contribuyó al nacimiento de la sismología moderna, ya que, por primera vez en la historia se organizó un equipo de científicos y especialistas para estudiar un fenómeno sísmico.

En España se elaboró una encuesta oficial que se envió a pueblos y ciudades con preguntas como:

¿Se sintió el terremoto? ¿A qué hora? ¿Cuánto tiempo duró?

¿Qué movimientos se observaron en los suelos, paredes, edificios, fuentes y ríos? ¿Qué ruinas o perjuicios se han ocasionado en las fábricas? ¿Han resultado muertas o heridas personas o animales?

¿Ocurrió otra cosa notable? Antes de él, ¿hubo señales que lo anunciasen?

Las respuestas a esta encuesta permitieron analizar los datos sobre las señales previas a los terremotos, lo que inició la sismología moderna.

Los terremotos no matan. Matan las construcciones

Un terremoto en una zona abierta y sin edificaciones puede ser como una atracción de feria, una gran sacudida, sin víctimas. El peligro de los terremotos viene del desplome de las construcciones. Por eso es muy importante seguir en las zonas de riesgo unas normas de construcción antisísmicas.

Las construcciones antisísmicas deben ser seguras, elásticas y simétricas. Pero, para que estas características se logren, debe de existir un correcto planeamiento y diseño de la construcción.

La construcción, siguiendo estas normas, es más cara y, a veces, solo al alcance de los países con más recursos, aunque resultan mucho más rentables si analizamos el coste en vidas y materiales que produce un terremoto.

- **Los maremotos o tsunamis** se producen por el efecto en la superficie del mar de los terremotos producidos en corteza oceánica. Este movimiento genera grandes olas que pueden adentrarse kilómetros tierra adentro. A diferencia del terremoto que los origina, el tsunami tarda en llegar a tierra y es posible activar sistemas de alerta temprana: boyas flotantes que alertan del oleaje, sensores sísmicos, centros de alerta. Estos sistemas permiten avisar a la población con antelación. Es muy importante la planificación y que la población sepa llegar a los lugares fuera del alcance de las olas.

Capítulo 10
¿Para qué sirven los geólogos?

En realidad la geología no es una ciencia única, sino un conjunto de disciplinas reunidas con el nombre de ciencias geológicas que incluye la cristalografía, la estratigrafía, la mineralogía, la paleontología, la petrología, la sedimentología, la tectónica, la vulcanología, la geomorfología, la meteorología, la oceanografía, la gemología, la geofísica, la Geoquímica, la geología histórica, la hidrogeología; o ciencias aplicadas, como la ingeniería geológica, la geología económica, la geología minera o la geología ambiental. Muchas de estas disciplinas no son exclusivamente geológicas, sino que comparten un enfoque pluridisciplinar. No se puede entender la paleontología sin la biología, ni la cristalografía sin la física y la química o la hidrogeología con la ingeniería y las ciencias ambientales. Estas relaciones enriquecen la profesión. Últimamente se ha incorporado el nombre de ciencias de la Tierra, para incluir, junto a la geología en sí, todos aquellos conocimientos que tienen que ver con nuestro planeta, e incluso con el estudio del resto de planetas del sistema solar, lo que se conoce como geología planetaria.

El trabajo de los geólogos se centra en el estudio de la estructura, la evolución y la composición de la Tierra, analizando rocas, minerales, fósiles y procesos dinámicos.

Los geólogos aplican estos conocimientos en la exploración de los recursos naturales (petróleo, minería, agua), la ingeniería civil, la gestión ambiental, los riesgos geológicos y la investigación. Así, las principales áreas de trabajo de la geología son:

- Exploración de recursos: los geólogos tienen un papel esencial en la localización y gestión de yacimientos minerales, hidrocarburos, agua subterránea (hidrogeología) y energías renovables.
- Geotecnia y obra civil: también son necesarios estudios geológicos del terreno para las cimentaciones, la construcción de túneles y carreteras; las presas, los puentes y los puertos; para la estabilidad de los taludes. El trabajo de la geología garantiza la seguridad y la viabilidad de las obras.
- Gestión ambiental: la geología participa en la evaluación de impacto ambiental (EIA), la restauración de suelos, la gestión de residuos y los estudios de contaminación.
- Investigación y cartografía: al ser una ciencia de campo, los expertos en geología elaboran mapas geológicos y análisis de la historia de la Tierra.
- Enseñanza y divulgación: esta función educativa es esencial, ya que no solo forma a futuros profesionales con las enseñanzas formales en la universidad y en educación secundaria, sino que ayuda a la conciencia social de la importancia y alcance de la geología a través de la divulgación, con actividades para el público de todas las edades en museos, talleres, granjas escuelas, yacimientos…

- Evaluación de riesgos geológicos: el estudio de los procesos naturales como deslizamientos o sismos, erupciones volcánicas e inundaciones permite prevenir riesgos para la población y reducir el impacto de estos fenómenos.

En resumen, los profesionales de la geología son claves para comprender la Tierra, gestionar sus recursos, proteger el medio ambiente social.

Profesionales de la geología, no santa Bárbara…
Los profesionales de la geología pueden anticipar, prever y avisar de los posibles impactos y efectos de la dinámica terrestre sobre las actividades humanas. Por esto, en ocasiones, son considerados agoreros por una parte de la sociedad mientras no se produce la catástrofe.

Sin embargo, cuando la catástrofe finalmente sucede, en el caso de terremotos, erupciones volcánicas, inundaciones o deslizamientos se recurre a los profesionales de la geología con urgencia, como a santa Bárbara, de la que solo se acuerda uno cuando truena —aunque sea patrona de la minería y la artillería, no de geología—.

Pero el refrán sería: más vale prevenir que curar.

El trabajo de un profesional de la geología ha cambiado mucho a lo largo de los años. Inicialmente podía desarrollar su trabajo con útiles tradicionales: un martillo, una brújula, unos mapas topográficos, un cuaderno de campo, una botellita de ácido clorhídrico, lápices, papel milimetrado, papel cebolla y un morral para llevarlo todo. Con estos útiles y su conocimiento podía desarrollar su actividad básica, recolectar muestras, realizar cortes y mapas geológicos, levantamiento de columnas estratigráficas y elaboración de memorias y estudios geológicos. Posteriormente, la fotografía aérea, la estereoscopía, la microscopía petrográfica, los sondeos geológicos, la geoquímica, etc. fueron ampliando los perfiles de trabajo. A finales del siglo XX se incorporan la informática, la teledetección, los sistemas de información geográfica y el análisis de datos. Actualmente, el uso de la inteligencia artificial es muy limitado en el ámbito geológico, comparado con otras disciplinas, a pesar de lo cual, poco a poco, va abriendo muchas posibilidades para un futuro inmediato: análisis automatizado de imágenes de satélite, identificación de minerales mediante algoritmos, modelos predictivos de riesgos naturales o tratamiento masivo de datos.

La progresiva incorporación de la mujer a todas las áreas de la ciencia, y entre ellas a la geología, en otros tiempos un ámbito predominantemente masculino, es otro aspecto que ha cambiado notablemente, aunque todavía no lo suficiente. La mujer se incorpora a la geología de campo, geología en minas y obra civil, y en la dirección de equipos de trabajo y de investigación. Para visibilizar el papel de la mujer en la geología, la Comisión de la Sociedad Geológica de España (SGE) ha diseñado el material GEAS: "Mujeres y geología", que recoge biografías de geólogas pasadas y presentes, muchas de las cuales vieron sus contribuciones eclipsadas en el pasado.

Uno de los ámbitos que más profesionales de la geología acoge es la educación. En esta tarea el profesorado de Ciencias Naturales (provenientes tanto de la geología como de la biología u otros estudios relacionados) desarrollan una labor muy importante en los niveles básicos de la enseñanza secundaria, en los cursos en los que esta formación es obligatoria para todo el alumnado. Hay que entender la formación en geología como un derecho de la ciudadanía. También los profesionales de la geología desarrollan esta importante labor en la formación de los futuros maestros de educación infantil y primaria, que posteriormente impartirán esos conocimientos en los niveles de infantil y primaria.

Desde hace años, entidades como la Asociación para la Enseñanza de las Ciencias de la Tierra (AEPECT), los colegios profesionales, las asociaciones de profesorado y las sociedades como la Sociedad Geológica de España (SGE) reclaman una mayor presencia de la Geología en los currículos educativos.

De esta necesidad nace el manifiesto "Alfabetización en ciencias de la Tierra", publicado en 2012, cuyas ideas fructificaron en el posterior: "Manifiesto por una adecuada presencia de la geología en el nuevo currículo de la LOMLOE", en mayo de 2021.

Estas son las 10 ideas clave para la alfabetización en ciencias de la Tierra:

1. La Tierra es un sistema complejo en el que interaccionan las rocas, el agua, el aire y la vida.
2. El origen de la Tierra va unido al del sistema solar y su larga historia está registrada en los materiales que la componen.
3. Los materiales de la Tierra se originan y se modifican de forma continua.
4. El agua y el aire hacen de la Tierra un planeta especial.
5. La vida evoluciona e interacciona con la Tierra modificándose mutuamente.
6. La tectónica de placas es una teoría global e integradora de la Tierra.
7. Los procesos geológicos externos transforman la superficie terrestre.
8. La humanidad depende del planeta Tierra para la obtención de sus recursos y debe hacerlo de forma sostenible.
9. Algunos procesos naturales implican riesgos para la humanidad.
10. Los científicos interpretan y explican el funcionamiento de la Tierra basándose en observaciones repetibles y en ideas verificables.

Pese a todos los esfuerzos realizados, la presencia de la geología en los currículos, tanto en el oficial como en la práctica real de las aulas, ha ido disminuyendo en los últimos años. Esto limita el conocimiento de la ciudadanía sobre el planeta, sus recursos y los riesgos naturales.

Por este motivo, es aún más importante la divulgación científica con talleres divulgativos y de enseñanza no formal que acerquen la geología a todos los públicos: talleres, rutas, visitas guiadas y experiencias prácticas. Todos los años se celebran los "Geolodías" en casi todas las regiones, organizados por las ya mencionadas AEPECT y SGE. Estas jornadas tienen el objetivo de acercar la geología del entorno de manera accesible y amena al público en general.

Este manual pretende ser una contribución a la alfabetización en ciencias de la Tierra, al ofrecer a la ciudadanía conocimientos para:

• Disfrutar mejor del medio natural, entendiendo su origen y futuro.
• Actuar de forma responsable ante la explotación de los recursos naturales y su impacto.
• Responder con prudencia y conocimiento ante los riesgos geológicos de nuestro entorno.

El trabajo de un geólogo según Darwin

Chrales Darwin escribe un capítulo dedicado a la geología dentro del *Manual de investigaciones científicas* de John Herschel, publicado en español en Cádiz en 1857. Esta obra está llena de ideas muy jugosas sobre el trabajo de los geólogos:

El geólogo requiere de pocos aparatos: un martillo pesado, con sus extremos en cuñas, otro más ligero para romper muestra, varios cinceles, y un pico para los fósiles, una lente de bolsillo con tres vidrios (para usarlo a cada momento); y por último una brújula y clinómetro componen sus instrumentos esenciales.

Finalmente el joven geólogo debe considerar que la recolección de muestras es la parte más pequeña de su trabajo. Si reúne fósiles hará bien; si tienen la fortuna de encontrar huesos de alguno de los mayores animales, habrá hecho probablemente un descubrimiento importante. Permítasenos recordarle, sin embargo, que añadirá gran valor a sus fósiles rotulando cada una de las muestras con el objeto de que nunca puedan mezclarse las de dos formaciones distintas, describiendo al propio tiempo la sucesión de capas donde fueron enterradas. Pero deben ser más elevadas sus miras: construyendo cortes geológicos con todo esmero en cada territorio que haya frecuentado (teniendo presente que la exactitud es una cualidad que depende de la voluntad), reuniendo para su propio uso y examinando escrupulosamente numerosas muestras de piedras, y adquiriendo la costumbre de buscar con paciencia la causa de todo los que vea, haciendo comparaciones con cuanto haya observado o leído, podrá, aun sin conocimientos anteriores, conseguir en corto tiempo ser un buen geólogo, y gozará verdaderamente de la alta satisfacción de haber contribuido a perfeccionar la historia de este portentoso mundo.

EDITATUM

Libros para crecer

www.editatum.com